动力和储能电池理论与技术丛书

U0378698

电化学原理与测试技术

主　编	胡淑婉	刘伶俐	胡坤宏
副主编	钱晶晶	胡　磊	杜浩然
参　编	陆大班	范海艳	闫静宜	陈付坤
	李光耀	李晓俊	乔　辰	范文琴
	梁　鑫	王黎丽	梁　升	于婷婷
	谢劲松	金　鑫	丁欣凯	计思涵

机械工业出版社

本书为"动力和储能电池理论与技术丛书"之一，以产业化的视角对新能源领域中可能涉及的各类电化学原理和测试技术进行了梳理和系统讲解，侧重于新能源相关的电化学基础原理和现阶段产业化不可或缺的各类测试技术。主要内容包括：电化学热力学、电极/溶液界面反应、电极反应动力学与液相传质、循环伏安法与旋转电极法、电化学交流阻抗测试技术、暂态测试法等。

本书旨在为有二次电池和化工理论基础的读者提供细致、完备的产业化新能源相关电化学原理与测试理论，助力行业高质量人才培养。本书适合新能源汽车、新能源材料与器件、储能材料与技术等领域的从业者学习参考，也适合上述专业方向的专科生、本科生和教师，以及其他感兴趣的人阅读。

图书在版编目（CIP）数据

电化学原理与测试技术/胡淑婉，刘伶俐，胡坤宏

主编． -- 北京：机械工业出版社，2024.8. --（动力

和储能电池理论与技术丛书）． -- ISBN 978 - 7 - 111

- 76259 - 1

Ⅰ. O646

中国国家版本馆 CIP 数据核字第 2024HX8716 号

机械工业出版社（北京市百万庄大街 22 号　邮政编码 100037）
策划编辑：吕　潇　　　　　　责任编辑：吕　潇　刘星宁
责任校对：张爱妮　牟丽英　　封面设计：马精明
责任印制：单爱军
北京虎彩文化传播有限公司印刷
2024 年 9 月第 1 版第 1 次印刷
169mm × 239mm · 11.5 印张 · 196 千字
标准书号：ISBN 978-7-111-76259-1
定价：59.00 元

电话服务　　　　　　　　　　网络服务

客服电话：010-88361066　　　机 工 官 网：www.cmpbook.com

　　　　　010-88379833　　　机 工 官 博：weibo.com/cmp1952

　　　　　010-68326294　　　金 书 网：www.golden-book.com

封底无防伪标均为盗版　　　机工教育服务网：www.cmpedu.com

前　言

电化学是研究电能与化学能、电能与物质之间相互转换及其规律的学科。电化学学科不仅是一个基础学科，也是一个应用学科，在新能源、新材料、环境保护、信息技术和生物医学技术等领域具有独特的应用优势。尤其是在化石能源减少、环境污染加剧的情况下，电化学能源因其高效率、无污染的特点，在化石能源清洁利用优化、可再生能源开发、动力交通、节能减排等人类社会可持续发展的重要领域中发挥着日益重要的作用。电化学的发展和应用，为电池领域的研究和发展提供了重要的理论指导和实验技术支持，也推动了电池技术的进步和创新。

从动力电池生产龙头企业的专业人才需求和实际生产经验出发，为了适应新能源、新材料等领域突飞猛进的发展，突出电化学与能源产业发展的紧密联系，合肥大学与合肥国轩高科动力能源有限公司（简称"国轩高科"）共同策划编写了本书。

本书重点介绍电化学的基本概念、基本规律及应用，侧重于基本概念及应用，尽可能减少繁琐的数学推导，力求由浅入深、循序渐进、深广适度。全书共有7章，大致可分为以下两大部分：第1部分是电化学原理，涵盖了第1~4章，其中，第1章电化学简介和第2章电化学热力学，主要包括常见电化学体系、相间电势与电极电势、平衡电极电势及不可逆电极等内容；第3章电极/溶液界面反应，主要包括界面双电层的结构与性质、电极溶液界面吸附现象；第4章电极反应动力学与液相传质，主要包括电极过程及速控步骤、电极的极化、液相传质及扩散与扩散层等内容。第2部分是电化学测试方法，涵盖了第5~7章，包括循环伏安法与旋转电极法、电化学交流阻抗测试技术及暂态测试法等内容。

本书由胡淑婉、刘伶俐和胡坤宏主编，第1章和第4章由合肥大学刘伶俐和合肥国轩高科动力能源有限公司范海艳编写，第2章和第3章分别由合肥大学杜浩然、胡磊编写，第5、6、7章由合肥国轩高科动力能源有限公司胡淑婉、钱晶晶、陆大班、范海艳、闫静宜、陈付坤、李光耀、乔辰、范文琴编写。李晓俊、梁鑫、王黎丽、梁升、于婷婷、谢劲松、金鑫、丁欣凯、计思涵等也参与了部分内容的编写，并参加了全书的校稿和文献调研工作。编写过程中，引用了部分参考书（见参考文献）中的一些图表数据，特向有关作者致谢；同时感谢安徽省新能源产业学院、教育部第二期供需对接就业育人项目（20230100665）、安徽省高校创新团队（2022AH010096）、安徽省质量工程服务十大新兴产业特色专业项目（2023sdxx056）、安徽省质量工程新能源材料与器件新建专业质量提升项目（2023xjzlts049）等给予的支持。

　　由于编者水平有限，书中难免存在不足和错误，恳请读者批评指正。

目 录

第1章

电化学简介

1.1 电化学科学及其应用

1.1.1 电化学发展历程

电化学（electrochemistry）是21世纪最活跃的学科之一，在能源、生物和环境等领域扮演着不可或缺的角色。电化学是研究化学现象与电现象之间的相互关系以及化学能与电能相互转化规律的学科。1800年，伏打（Volta）发明了第一个原电池，他把锌片和铜片叠起来，中间用浸有H_2SO_4的毛呢隔开，构成了电堆，这个装置后来被称为伏打电堆。伏打电堆的发明标志着一个重大的发展，它提供了一种通过化学反应储存电能的方法。1800年，尼科尔森（Nichoson）和卡莱尔（Carlisle）利用伏打电堆电解水溶液时，发现两个电极上有气体析出，这就是电解水的第一次尝试。此后，人们对电流通过导体时的现象进行了两方面的研究：一方面，从物理学的研究得出了欧姆（Ohm）定律（1826年）；另一方面，从电流与化学反应的关系研究中得到了法拉第（Faraday）定律（1833年）。由于大量的生产实践和科学实验知识的积累，以及相关学科的成就，都推动了电化学理论的发展，电化学就逐渐成为一门独立的学科被建立和发展起来了。

1879年，亥姆霍兹（Helmholtz）首先提出了双电层概念。1887年，阿伦尼乌斯（Arrhenius）提出了电离学说。1889年，能斯特（Nernst）提出电极电势公式（即能斯特方程），对电化学热力学做出重大贡献。1905年，塔菲尔（Tafel）提出了描述电流密度和氢过电势之间的经验公式——塔菲尔公式。这些都对电化学热力学的发展做出了重大贡献。1933年，弗鲁姆金（Frumkin）等人从电化学热力学出发，通过新实验技术的应用，在氢析出过程动力学和双电层结构研究方面取得重大进展。随后，鲍克里斯（Bockris）、帕森斯（Parsons）、康韦（Conway）等也在同一领域做了奠基性的工作，格雷厄姆（Grahame）使用滴汞电极系统地研究了两类导体界面。这些成果，大大推动了电化学理论的发展，形成以研究电极反应速率为主的电极过程动力学，构成了现代电化学的主体。20 世纪 50 年代以后，特别是 60 年代以来，电化学在非稳态传质过程动力学、表面转化步骤及其复杂电极过程动力学等理论方面和各种电化学测试实验技术（如界面交流阻抗法、线性电势扫描法、暂态测试法）方面都有了突破性发展，使电化学科学日臻成熟。进入 20 世纪 80 年代以来，工业技术的进步和科学研究的深入促进了电化学在应用领域的发展。例如，多种电化学传感器在冶金、化工过程控制中得到广泛应用。到 20 世纪末至 21 世纪初，环保领域也大量采用电化学传感器来监控有害气体。作为清洁能源开发的氢电池及各种燃料电池，都是将电化学的原电池理论与现代先进材料研究相结合的结果。

在两个多世纪的发展过程中，电化学内容不断得到扩展和丰富，与其他学科进行相互交叉和渗透，形成了诸如生物电化学、环境电化学、纳米与材料电化学、能源电化学和光电化学等新的分支，并且已经成为国民经济中的重要组成部分。如今，保护环境、节约资源的呼声日益高涨，人们对化学能源提出了更高的要求。为了平衡能源转换、资源消耗、材料成本和能源存储的必要性，正在进行的先进储能技术的研究和开发起着至关重要的作用。这促使了能量储存技术的发展，从莱顿罐到新型电池（如锂离子电池、碱性电池、氧化还原液流电池等）、超级电容器（如双电层电容器、伪电容器、混合电容器等）和燃料电池等。

尽管电池技术已经取得了显著的进步，但挑战依然存在，如环境影响、成本、低循环寿命、能量转换和存储等困难，以及能量密度仍需要提高。虽然超级电容器具有较长的循环寿命，但其较低的能量密度和工作电压，限制了超级电容器在高压电子设备中的应用。相反，燃料电池表现出比新型电池和超级电容器更高的能量密度。然而，燃料电池生产的高成本（如氢燃料电池生产的高成本）、低功率密度以及很难集成到各种便携式电子设备中等挑战仍然限制了它们的广泛应用。目前的研究重点是，探索新型材料和设备架构工程，以克服新型电池、超级电容器和燃料电池的这些挑战，为开发高性能储能技术铺平道路。近年来，多价态二次电池、超级电容器及燃料电池的技术研究进展日新月异，说明清洁、高效能源的市场需求越来越大，未来的汽车及家庭用电，将由这些新能源来提供。同时，电化学分析手段在环境保护、医药卫生和工农业等方面都有着重要的应用。

1.1.2 电化学的应用

随着电化学科学的不断完善和发展，电化学理论和电化学方法已广泛应用于现代科学技术和工业领域的各个方面，如能源、材料、电子、机械、环境保护科学等诸多领域。某些有机或无机化合物的电解分离和电合成、各种金属的电化学冶金技术、新型化学电源的研制、金属材料的腐蚀与防护、金属表面处理与电镀技术、电化学分析方法的研究与应用、环境保护中的某些废水处理等都已成为电化学所涉及的重要研究领域。尤其是，电化学在电解、电镀、化学电源、电分析及金属的腐蚀与防护等工业生产中占有重要地位。例如，近年来各种高比能二次电池、燃料电池等的研制，推动了新能源汽车及电化学储能领域的快速发展；电解食盐以制取氯气和烧碱、有机物和无机物的氧化还原合成等古老的电化学工艺，至今仍被广泛应用；丙烯腈电解合成己二腈、有机化合物的电化学氟化、电解法冶炼铝等电化学合成亦被广泛应用于工业中。

1. 电化学工业

电化学工业（electrochemical industry）中利用电化学方法可以制备很多基础化工产品，如氯碱工业（见图 1-1 所示），即用电解饱和 NaCl 溶液的方法

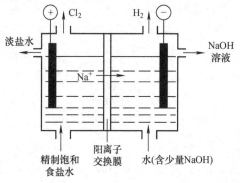

图 1-1 氯碱工业电解装置图

来制取 NaOH、Cl_2 和 H_2，并以它们为原料生产一系列化工产品，这已成为目前最大的电化学工业。此外，许多有机化合物的合成也常常采用电化学方法来完成，比如，可以利用电化学合成方法将乙烯转化为环氧乙烷（见图1-2）。但是，该工艺仍存在不少挑战。

1）由于乙烯的稳定性高，需要较高的氧化电压，而高电流密度下很容易造成乙烯的过氧化。如果降低电流密度，就需要较大的电极表面积，导致反应成本高。

2）乙烯在极性溶剂（电解质）中的溶解度较小，限制了传质过程，导致高电流密度下的法拉第效率较低。

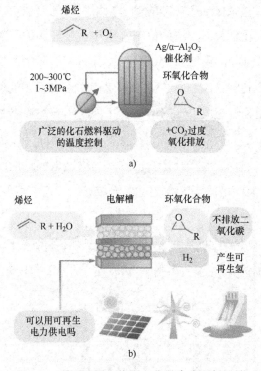

图1-2 利用可再生能源电化学合成环氧乙烷

a）工业合成环氧乙烷的热化学过程 b）电化学合成环氧乙烷的过程

2. 电化学冶金

电化学冶金（electrochemical metallurgy）包括电解提取、电解精炼和熔盐电解。

电解提取是通过电解方法从溶液或熔体中提取有价金属，是冶金工业中提取有价金属的主要方法之一。元素周期表中几乎所有的金属都可以采用水溶液电解或熔盐电解的方法提取，用这种方法常常得到高纯金属。其中，熔盐电解的方法是得到金属铝、碱金属和碱土金属的主要工业方法，有些甚至是唯一的工业方法。电解提取可以获得致密金属，也可以制取金属粉末，如高熔点的金属铍、铀、钨、钼、锆、铌、钼、钛等常常以粉末状析出。

电解精炼有其基于电化学动力学原理的基础。阳极通过失去电子和释放阳离子而被人工氧化，在相反方向施加的电流的影响下，金属通过电解液向阴极表面迁移，阳离子与电子结合形成还原反应，这是电解金属沉积的原理。而电解金属沉积又是附着在阴极表面上的，因此，阴极表面形成了一层覆盖金属层。随着电解进行到由实验或工业实践确定的程度，该金属层的厚度增加。电解精炼过程可以用可逆的电化学反应来表示：

$$M \rightleftharpoons M^{z+} + ze$$

$$M_1 \rightleftharpoons M_1^{z+} + z_1 e$$

这表明金属 M 在阳极表面释放 z 个电子，并通过可逆电化学反应在阴极表面重新获得电子。一些金属杂质可以在阳极表面氧化变成阳离子，溶解在电解液中。

迄今为止，电解精炼过程被认为是在宏观生产中提纯金属的理想电化学过程。宏观操作参数如温度、电解液流量、电解液浓度和成分、外加电势和电流密度，对电解沉积质量有很大影响。通过在电解液中加入足量的有机添加剂（抑制剂），可以铸造没有杂质偏析和氧化表面的阳极，并保持电极之间电流密度的均匀分布；可以获得平滑、黏附和无缺陷（裂纹）的电沉积。否则，阳极极化会导致低溶解速率并降低金属沉积速率，因此，通过电解精炼过程可以获得粗糙和结节状的表面沉积。

熔盐电解是制取氟、氯的方法之一，在冶金工业中被广泛用于轻金属、难熔金属、稀有金属和合金的制备以及金属精炼。现在已在工业规模上利用熔盐电解生产制备的金属主要有铝、镁、锂、钠、钾、铍、钙、锆、钼、钛。除了生产轻金属外，熔盐电解还可制得高纯金属和合金。熔盐电解的其中一个特点是，电解过程的温度很高，而大多数情况下，所需的温度只是依靠电流通过电解槽时产生的热量来建立而无需从外部加热。熔盐电解的另一个特点是，在阳极上通常形成气体产物；在阴极上能得到各种不同形式的产物，如液态金属（铝、镁、钠、锂）、使用液态阴极形成液态合金再蒸发得到的金属（钾、钙）、固态金属（某些难熔金属）。熔盐电解过程的电流密度是水溶液电解的 25 ~ 100 倍。一般水溶液电解的电流密度不超过 1kA/m，而熔盐电解的电流密度可高达 100kA/m。熔盐电解的缺点是，要消耗大量电能，能耗增加使投资和运转费用上升，以及对环境造成一定的影响。熔盐电解与水溶液电解在电解质的物理化学特性方面有所不同，熔盐电解的电解质必须是真实电解质，而水溶液电解的电解质可以是潜在电解质。

3. 化学电源

化学电源（chemical power source）作为一种能源转换的装置，化学反应释放出来的化学能可以直接转化成电能——直流电。化学电源包括所有的一次电池、二次电池、燃料电池和超级电容器。一次电池有常见的锌 - 二氧化锰干电池、锌 - 氧化银电池；二次电池即蓄电池，常见的有铅酸蓄电池、锂离子电池及其他金属离子二次电池；燃料电池又称为连续电池，常见的有氢 - 氧燃料电池、固体氧化物燃料电池等。化学电源和其他能源相比有很多优点，如携带使用方便；电流和电压能人为控制在合理范围内，可制作成任何尺寸和形状；能够在各种条件下随时工作；无噪声，污染少；能量转换效率高。此外，化学电源的一个独特的优点是，它是一个很好的储能器，化学电源中的蓄电池可以把天然能（如风能、太阳能等）转换成为电能，可以作为一种储能装置使用，为卫星和无人机等航空航天领域的应用提供可持续能源。

在现实生活中，新能源汽车、各种便携式电器和通信设备都要依赖于化学电源，尤其是在航天工业中的宇宙飞船、卫星等航天设备中更少不了化学电源。近年来，由于环境保护的需要，为了防止燃烧煤和石油对我们的生存环境造成污染，电动汽车和作为其动力的化学电源的研制已成为 21 世纪各国研究的重要课题之一。

4. 金属腐蚀及其防护

金属腐蚀是指金属在与液体接触时表面层转化成另一种不溶的化合物，

腐蚀作用中以电化学腐蚀情况最为严重。日常生活和工业生产中会使用大量的金属材料，金属腐蚀与防护（metal corrosion and protection）与国民经济发展息息相关，而大多数金属腐蚀又是一个电化学过程。随着人们对保护资源、能源和环境的认识不断提高，对金属腐蚀的严重危害也更加关注。工程材料中金属腐蚀造成的破坏给国民经济和社会生活带来的严重危害已越来越被重视。金属腐蚀造成了巨大的经济损失，每年有40%左右的钢铁被腐蚀。一般认为，工业发达国家的金属腐蚀损失为国民经济总产量的4%左右。我国每年因腐蚀而不能回收利用的钢铁达1000多万t，几乎相当于一种大型钢铁厂一年的产量。目前金属腐蚀与防护已发展成为一门独立的学科，但其腐蚀原理和各种防护方法都与电化学有着必然的联系。

最新报道表明，钢铁材料的使用寿命取决于腐蚀防护的效果。虽然腐蚀防护工程必然会带来额外的碳排放，但是根据腐蚀环境采用更先进的腐蚀防护方法能够极大地延长钢铁材料的服役寿命，从而降低单位时间内钢铁材料总的碳排放量。例如，通过实施腐蚀防护技术，钢质管道在某典型化工生产环境中可以减排60%以上，在某油气田集输环境中可以减排83%以上，在某油气长输管线中可以减排50%以上，在某城市燃气管网中可以减排28%以上。这项研究为发展钢铁材料绿色低碳技术提供了新的思路，表明金属腐蚀与防护对于"碳达峰、碳中和"及应对气候变化具有重要意义。

在金属腐蚀学中，习惯性地把介质中能在金属表面接受金属材料中的电子而被还原的物质叫作去极化剂。以这种方式进行的腐蚀过程称为电化学腐蚀。由此可见，电化学腐蚀与化学腐蚀不同的特点在于，一方面，电化学腐蚀可分为两个相对独立并且可在不同部位同时进行的过程，由于被腐蚀的金属表面一般具有分离的阳极区和阴极区，腐蚀反应过程中电荷的传递可通过金属从阳极区流向阴极区，其结果必有电流产生；另一方面，腐蚀最为严重的是电化学腐蚀，只要介质中存在离子导体，它就能发生，即便是水也具有离子导体的性质。常见的去极化剂是溶解于水中的 O_2 和酸性溶液中的 H^+。

1）在常温下的中性溶液中，钢铁的腐蚀一般是以 O_2 为去极化剂进行的。

阳极 $$Fe \rightarrow Fe^{2+} + 2e$$

阴极 $$\frac{1}{2}O_2 + H_2O + 2e \rightarrow 2OH^-$$

总反应 $$Fe + \frac{1}{2}O_2 + H_2O \rightarrow Fe(OH)_2$$

钢铁在空气中生锈，就是一个以 O_2 为去极化剂的电化学腐蚀过程，直接与金属表面接触的离子导体介质是凝聚在金属表面的水膜，最后形成的铁锈是成分很复杂的铁的含水氧化物，有时还有一些含水的铁盐。

2）在水溶液中，电化学腐蚀的另一种重要的去极化剂是 H^+，常温下，在酸性介质中以 H^+ 为去极化剂而发生腐蚀，其过程如下：

阳极 $$Fe \rightarrow Fe^{2+} + 2e$$

阴极 $$2H^+ + 2e \rightarrow H_2$$

总反应 $$Fe + 2H^+ \rightarrow Fe^{2+} + H_2$$

5. 金属表面处理与电镀

电镀（electroplate）就是利用电解原理在某些金属表面镀上其他金属或合金薄层的过程，即利用电解原理使金属或其他材料制件的表面附着一层金属膜的工艺。可以起到防止金属氧化（如锈蚀），以及提高耐磨性、导电性、反光性、抗腐蚀性及增进美观等作用。电镀已有 100 多年的历史，也是电化学应用中最大的分支之一。金属电镀应用十分广泛，遍及国民经济中各个生产环节和科学领域。例如，汽车制造需要把外露的零件进行电镀防腐处理，自行车、缝纫机、钟表、灯具、照相机等轻工业产品，通过电镀可以得到既不腐蚀而又美丽的外观。提高某些电子元器件的导电性能可在其表面镀银，提高制品的焊接性能可镀锡或铅锡合金，增加大型机械轴的耐磨性能可镀硬铬。随着电子、原子能、半导体等新技术领域的发展，对电镀技术提出了更加复杂的新要求。在很多情况下，有必要赋予制品表面某些特殊的物理和化学性能。例如，镀层应具有在苛刻条件下较高的耐蚀性、良好的导电性、长时间储存后的可焊性以及在复杂形状表面镀层厚度和成分的均匀性，有时还要求镀层具有一定的磁学、半导体、耐热及超导等特殊性能。

电镀时，用镀层金属或其他不溶性材料做阳极、待镀的工件做阴极，镀层金属的阳离子在待镀工件表面被还原形成镀层。为排除其他部位的金属阳离子的干扰，且使镀层均匀、牢固，需用含镀层金属阳离子的溶液做电镀液，以保持镀层金属阳离子的浓度不变。电镀的目的是在基材上镀上金属镀层，改变基材表面性质或尺寸。随着技术的发展，现代电镀技术在单一金属电镀的基础上发展了合金电镀和复合电镀。另外，通过化学镀可在塑料和陶瓷上进行电镀，不仅拓宽了现代电镀技术的应用范围，同时对于减少基础结构金属的消耗也具有十分重要的意义。

电镀得到的镀层，按其所起的作用不同，可分为防护性镀层（耐腐蚀）、防护装饰性镀层（耐腐蚀、美观）、防护工作性镀层（耐腐蚀、抗磨、导电、焊接）和功能性镀层（具有光学、磁学、电学、耐热等特殊性能）。无论何种镀层，其共同要求是：

1）镀层与基体结合牢固；

2）镀层厚度均匀一致、结构细致紧密；

3）镀层有良好的机械、物理和化学性能。

镀层质量的好坏主要与电镀前的表面处理、电镀体系的选择、镀液的组成和电镀的工艺条件有关。

6. 电化学分析方法

电化学分析方法（electroanalytical methods）是利用电化学现象和电化学过程的某些规律进行分析的方法，往往具有快速、灵敏度高和容易自动化等特点，同时又能在小体积的溶液或熔体中进行。近年来，电化学分析方法得到更加广泛的应用，目前几乎涉及地质、采矿、选矿、冶金、金属材料、化工、电子工业、环境保护、生物医学等许多学科领域，尤其在实现生产控制自动化过程中特别引人注目。

电化学分析方法通常是将待分析试样的溶液构成化学电池（电解池或原电池），然后根据所组成的电池的某些物理量（如，两电极之间的电势差、通过的电流或电量、电解质溶液的电阻等）与其化学量之间的内在联系来进行测定。电化学分析方法的仪器比较简单，测量速度快，不仅可以进行组分含量分析，还可以进行价态、形态分析及用于研究电极过程和表面现象、电极过程动力学、氧化还原过程动力学、催化过程、有机电极过程、吸附现象、金属腐蚀速率等。电化学分析方法在科学研究和生产控制中是一种重要的工具，主要包括极谱分析法、伏安法、电化学交流阻抗法和金属腐蚀速率的电化学测试法，其中极谱分析法、伏安法包含在仪器分析相关内容中，本书主要介绍电化学交流阻抗法和金属腐蚀速率的电化学测试法。

1.2 电化学测试技术最新进展

电化学测试是以电流电势的测试为基础的，一个基本的电化学测试体系由电解池和测试仪器组成，最常见的电解池体系为三电极电解池，如图 1-3 所示，三电极体系是由工作电极、辅助电极（对电极）和参比电极组成的电化学体系。

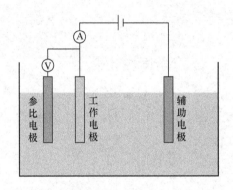

图 1-3　三电极体系

1）工作电极就是研究的电极，即所研究的反应在该电极上发生。工作电极可以是固体，也可以是液体，各种能导电的固体材料均能用作电极，同时可以根据研究性质来预先确定电极材料，最普通的"惰性"固体电极材料是玻碳、铂、金、银、铅和导电玻璃等。

2）辅助电极又称对电极，该电极和工作电极组成回路，使工作电极电流通畅，以保证所研究的反应在工作电极上发生。与工作电极相比，对电极应具有较大的表面积，使得外部所加的极化电压作用于工作电极上，对电极本身电阻要小，且不容易极化，做实验时，对电极的形状和位置对实验结果也有影响。常用对电极有不同规格和尺寸的铂电极或石墨棒电极。

3）参比电极是指一个电势已知、接近于理想不极化的电极。参比电极上基本没有电流通过，作用在于测定工作电极相对于参比电极的电极电势。不同研究体系可选择不同的参比电极，常用的参比电极有 Ag/AgCl 电极、饱和甘汞电极、汞/氧化汞电极和硫酸亚汞电极等，一般是根据电解质溶液体系来正确选择不同的参比电极。

电化学测试主要是通过在不同的测试条件下，对电极电势和电流分别进行控制和测试，同时对其相互关系进行分析而实现的。一般而言，电极体系的热力学和动力学的性能可以通过电极电势和极化电流反映出来，但这些性能很容易受外加电势或电流的影响而改变。对一些重要的测试条件的控制和变化，就形成了不同的电化学测量方法。

1.2.1 电化学测试技术的发展

对应于出现的时间顺序，电化学测试方法可大致分为三类。第一类是电化学热力学性质的测试方法，此类测试方法是基于能斯特方程、电势 – pH 图、法拉第定律等热力学规律进行；第二类是动力学的测试，即依靠电极电势、极化电流的控制来研究电极过程的反应机理，测定电极过程的动力学参数；第三类是在控制和测量电极电势、极化电流的同时，结合光谱波谱技术、扫描探针显微技术，引入光学信号等参量的测量，研究体系电化学性质的测试方法。

在电化学科学发展历程中，一些重要测试方法的出现对电化学科学的发展起到了巨大的推动作用，目前仍然被广泛使用。早期，稳态极化曲线是电化学应用中最为广泛的测试方法。所谓的稳态，是指电极电势、电流密度、电极界面状态等这些化学参量变化甚微或基本不变的状态。最常用的稳态测试方法是恒电势法和恒电流法。恒电势法是采用恒电势仪控制电势，并外加手动或自动的电势扫描信号，测定相应不同电势下的电流密度。恒电流法即控制工作电极的外电流为不同的电流密度值，分别测定工作电极在各个外侧电流密度下的电势稳定值。

20 世纪 50 年代，Gerischer 等人创建了各种快速暂态测试方法。所谓的暂态，即相对于稳态而言，在一个稳态向另一个稳态的转变过程中，任意一个电极还未达到稳态时，都处于暂态过程，如双电层充电过程、电化学反应过程和扩散传质过程等。最常见的暂态测试方法是控制电流阶跃法以及控制电势阶跃法。这种暂态的控制方法一般用于一些电化学变化过程的性质的探究分析，如能源存储设备充电过程的快慢、界面的吸附和扩散作用的判断等。

20世纪60年代以后出现的伏安法和电化学阻抗谱现在已经成为电化学实验室中的常规标准测试手段。

其中，伏安法应该算是电化学测试分析中最为常用的方法，因为电流、电压均保持动态的过程，这是最常见的电化学反应过程。一般而言，伏安法主要有线性伏安法和循环伏安法。

1）线性伏安法即在一定的电压变化速率下，观察电流相应的响应状态。线性伏安法使用的领域比较广，主要包括太阳能电池的光电性能测试、燃料电池等氧化还原曲线的测试和电催化中催化曲线的测试等。

2）循环伏安法通常采用三电极系统。外加电压在工作电极与辅助电极之间，反应电流通过工作电极与辅助电极，电压的变化是循环的，从起点到终点，再回到起点，故称为循环伏安法。循环伏安法能迅速提供电活性物质电极反应的可逆性、化学反应历程和电活性物质的吸附等多种信息。循环伏安法可用于研究化合物电极过程的机理、双电层、吸附现象和电极反应动力学，还可以探究超级电容器的储能大小及电容行为、材料的氧化还原特性等。

电化学阻抗谱（Electrochemical Impedance Spectroscopy，EIS）的测试是用小幅度交流信号扰动电解池，并观察体系在稳态时对扰动的跟随情况，同时测试电极的交流阻抗，进而计算电极的电化学参数。通过 EIS 我们一般可以分析出一些表面吸附作用以及离子扩散作用的贡献分布，以及电化学系统的阻抗大小、频谱特性和电荷电子传输的能力强弱等。图 1-4 所示为 EIS 中的 Nyquist 图谱。

1.2.2 电化学测试新技术

近年来，光谱电化学和电化学扫描探针显微技术对电化学研究的影响也越来越明显。光谱电化学是20世纪60年代初发展起来的交叉学科，它是光谱技术与电化学方法相结合的一种方法，即各种各样的光谱技术和电化学方法相结合，在同一个电解池内，同时进行测量的一种方法。其优势是同时具有电化学和光谱学两者的特点，可以在电极反应的过程中获得更多的有用信息。光谱电化学方法可分为原位和非原位两种类型。原位即是在电化学反应进行的同时，对电解池内部尤其是对电极/溶液界面状态和过程进行观测研究

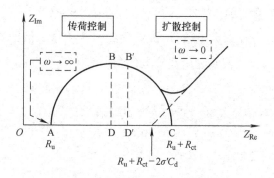

图 1-4 EIS 中的 Nyquist 图谱

的方法，如原位红外光谱、拉曼光谱、荧光光谱、紫外可见光谱、圆二色光谱、顺磁共振谱、光热光谱和光声光谱等。相对而言，非原位是在电解池之外考察电极的检测方法，如低能电子衍射、X 射线衍射、俄歇电子能谱、光电子能谱等。光谱电化学已成为电化学领域中的一个重要分支，而且得到了广泛的应用。对于研究电极过程中的机理、电极表面特性，监测反应中间体、瞬间状态和产物性能测定，测量电极电势、电子转移数、扩散系数、电极反应速率常数等，光谱电化学是一项非常有力的研究手段。例如，红外光谱已被应用于研究吸附物质（如反应物、中间体和产物），考察在电极和窗口之间的薄层溶液中所产生的物质，还可以用于探测双电层结构。图 1-5 所示为红外光谱电化学的外反射模式构造示意图，被探测物质在电极表面和距离电极表面很薄的溶液层中。

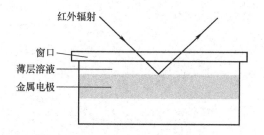

图 1-5 红外光谱电化学的外反射模式构造示意图

通常将电化学扫描隧道显微镜、电化学原子力显微镜和扫描电化学显微镜统称为电化学扫描探针显微技术。此类显微镜能够在电化学和液体环境下工作，能够实时观测电化学反应进行过程中的电极界面的变化。电化学扫描

　　探针显微技术为电极/溶液界面的研究提供了有效的原位分析技术，甚至可以直接观测到原子、分子级的电极/溶液界面的电子图像。借助此分析技术得到的研究结果，证实了许多曾经用经典电化学研究方法得到的关于电极/溶液界面的间接的、平均的、宏观的结果，同时也能直接观测到一些传统研究方法得不到的电极/溶液界面现象、性能及变化规律。

第 2 章

电化学热力学

2.1 相间电势与电极电势

2.1.1 相间电势

1. 相间电势产生的原因

相间电势是指两相接触时（如气－液接触、液－固接触、液－液接触等），在两相界面层处产生的电势差。这一现象在电化学电池、电解池和其他电化学系统中普遍存在。这种相与相之间的电势变化通常是由两相之间的电荷分布差异引起的，即带电粒子或偶极子在界面中的非均匀分布。造成这种电荷分布差异的主要原因包括以下方面：

1）带电粒子在两相之间转移或利用外电源对界面两侧进行充电，进而使得两相中出现剩余电荷。剩余电荷不同程度地集中在界面两侧，形成"双电层"，进而产生相间电势。图 2-1 所示为金属电极在溶液中形成的离子双电层结构示意图。以金属锌与硫酸锌溶液构成的体系为例，当金属锌插入硫酸锌溶液中时，金属锌表面的锌离子既受到金属中自由电子的静电作用，也受到溶剂水分子的溶剂化作用。实验表明，后者的作用力强于前者，使得金属锌表面的锌离子倾向于溶解到溶液相。也就是金属锌和溶液表面发生电荷分离，金属锌带负电，溶液界面带正电。

2）带电粒子（如阴离子、阳离子）的界面吸附量不同，导致界面与体相中出现数值相同但属性相反的电荷，进而形成吸附双电层，产生相间电势。图 2-2 所示为金属电极在溶液中形成的吸附双电层结构示意图。

3）分子电偶极相互作用，在相界面处形成的一层电荷分布，由溶液中的偶极粒子（如极性分子或极性离子）在两相界面处定向排列形成的偶极子层

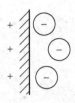

图 2-1　金属电极在溶液中形成的离子双电层结构示意图

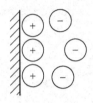

图 2-2　金属电极在溶液中形成的吸附双电层结构示意图

所导致。偶极子层的电荷分布主要来自分子或离子的电偶极矩，其结构示意图如图 2-3 所示。

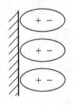

图 2-3　偶极子层的结构示意图

4）金属表面因短程力作用而形成的表面电势差，例如，相邻原子之间由短程力（如范德瓦耳斯力）作用，引起电子在金属表面的局部聚集或分散，形成电子密度的变化，从而产生局部的电势差，或者，如金属表面偶极化的原子在金属表面定向排列所产生的电势差。图 2-4 所示为金属表面偶极原子的定向排列。

值得一提的是，以上 4 种形成相间电势的情况，从严格意义上来说只有第 1 种是真正涉及两相界面的相间电势差（其余 3 种情况仅会导致两相中的某一相发生电势变化进而产生表面电势）。在各种电化学体系中，由剩余电荷引起的离子双电层是相间电势的最主要的来源之一，因此，首先需要对这种情况进行详细分析。

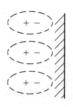

图2-4　金属表面偶极原子的定向排列

2. 粒子在两相间转移的平衡条件

（1）电中性粒子的两相平衡

假定存在某粒子 i，当两相（相 A、相 B）接触时，粒子 i 从相 A 转移至相 B，并由高能态转变为低能态。若粒子 i 不带电，则该转移过程引起的吉布斯自由能变化就是粒子 i 在相 B（末态）和相 A（初态）中的化学势之差。当反应平衡（即达到相平衡）时，粒子 i 在两相中的化学势相等，即

$$\Delta G_i^{A \to B} = \mu_i^B - \mu_i^A = 0 \tag{2-1}$$

（2）带电粒子的两相平衡

当粒子 i 带电时，粒子 i 在两相之间的变化不仅会导致体系化学能发生变化，还会伴随电荷转移而产生电能的变化。因此，在考虑带电粒子的相平衡条件时，电能的因素不能忽略。

首先需要明确，真空中任意一点的电势等于一个单位正电荷 q 从无穷远处移至该点所做的功。

假定孤立相 A 为球形导体，所带电荷均匀分布在球体表面。当距离相 A 无穷远处存在一个单位正电荷 q，此时该正电荷 q 与相 A 没有相互作用。当 q 从无穷远处运动到孤立相 A 表面（大约距离 $10^{-5} \sim 10^{-4}$ cm）时，可认为 q 与孤立相 A 之间只有库仑力（长程力）作用，此时库仑力做的功 W_1 即为相 A 所带净电荷在该处引起的电势，这一电势称为相 A 的外电势 ψ。

当电荷 q 从孤立相 A 表面运动至内部时，由于运动环境从真空态变成了相 A，因而这一过程需要考虑两种能量变化：

1）孤立相 A 的表面层存在偶极子层（即范德瓦尔斯力、共价键等短程力引起的原子或分子偶极化并在相 A 的表面定向排列）。电荷 q 穿越该偶极子层所做的功 W_2 称为相 A 的表面电势 χ。因此，将单位正电荷 q 从无穷远处移至

孤立相A的内部所做的电功 ϕ 是外电势 ψ 与表面电势 χ 之和，即

$$\phi = \psi + \chi \tag{2-2}$$

式中，将电功 ϕ 定义为相A的内电势。

2）除了内电势 ϕ 外，单位正电荷 q 还需要克服与物质A（即组成孤立相A的物质）之间的短程力作用（化学作用）所做的功，即为化学功。所以将 q 从无穷远移至相A内部的总功，称为电功与化学功之和，如图2-5所示。当有1mol带电粒子从孤立相A表面运动至内部时，粒子所做的化学功即为该粒子在相A中的化学势 μ_i。

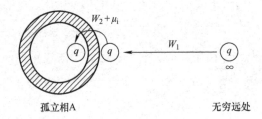

图2-5　将单位正电荷 q 从无穷远处移至孤立相A内部所做的功

假定该粒子的电荷量为 ne_0，则1mol粒子所做电功为 $n\phi F$，F 为法拉第常数。因此，将1mol粒子从无穷远处移至孤立相A内部所引起的全部能量变化 $\bar{\mu}_i$ 为化学功 μ_i 和电功 $n\phi F$ 之和，即

$$\bar{\mu}_i = \mu_i + n\phi F = \mu_i + nF(\psi + \chi) \tag{2-3}$$

式中，全部能量变化 $\bar{\mu}_i$ 定义为粒子i在相A中的电化学势，具有能量的量纲。粒子i的电化学势由相A的带电数量、相A的电荷分布情况、相A的化学本性以及粒子i的化学本性共同决定。

以上讨论的是仅有一个孤立相A存在时的情况。若带电粒子i从相A转移至相B，则两相平衡条件为两相中粒子i的电化学势相等，即

$$\bar{\mu}_i^B - \bar{\mu}_i^A = 0 \tag{2-4}$$

当带电粒子在两相间的转移达到平衡时，会在相界面处形成稳定的双电层（见图2-1），双电层的电势差就是相间电势。

3. 外电势差与内电势差

根据带电粒子在两相中做功的分析，可以将两相之间的相间电势定义成其他几种形式。

1）外电势差，又称伏打（Volta）电势差，定义为两相外电势的差值。外电势差可以通过测量直接获得。

若 A、B 两相直接接触，也常将其外电势差称为接触电势差，用 $\Delta^B\psi^A$ 表示，即

$$\Delta^B\psi^A = \psi^B - \psi^A \qquad (2-5)$$

2）内电势差，又称伽伐尼（Galvani）电势差，定义为两相内电势的差值。如果两相直接接触，或两相通过温度相同的良电子导体材料相连，则两相内电势差可用 $\Delta^B\phi^A$ 表示，即

$$\Delta^B\phi^A = \phi^B - \phi^A \qquad (2-6)$$

由于内电势 ϕ 是外电势 ψ 与表面电势 χ 之和，而表面电势 χ 涉及短程力相关的作用无法直接测量，因而两相之间的内电势之差也无法通过测量直接获得。

2.1.2 电极电势

1. 电极与电极电势

存在互相接触的电子导体相与离子导体相，且在相界面上存在电荷转移，在电化学中则把这样的体系称作电极体系。需要注意的是，人们也习惯将电极体系中的电子导体相称为电极，此时的"电极"仅代表电极体系中的电子导体材料（如金属等）。

电极体系发生电化学过程时，在两相界面不仅会产生电荷转移，还会发生物质变化（即化学反应）。因而我们将两类导体形成的相间电势，即电子导体和离子导体（常为溶液）的内电势之差定义成该电极体系的电极电势。

2. 电极电势产生的原因

电极电势可以看作离子双电层、吸附双电层、偶极子层及金属表面电势所形成的电势差的总和，其中，离子双电层形成的电势差是电极电势的主要来源。下面我们以金属锌与硫酸锌水溶液构成的电极体系为例，分析离子双电层的形成原因。

金属原子价电子较少，原子核对价电子的吸引力较弱，因而在金属中，电子容易摆脱核的束缚成为自由电子，而金属原子则变成金属正离子。自由电子在金属正离子中自由运动，为所有金属正离子所共有，此为金属键的电

子海模型，如图 2-6a 所示。在水溶液中（以硫酸锌水溶液为例），由于水分子的溶剂化作用，硫酸锌在水中解离，并被水分子高度溶剂化，其溶液物种主要包括水合锌离子、硫酸根和自由水分子，如图 2-6b 所示。

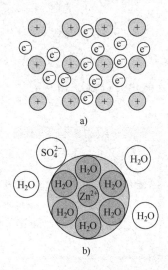

图 2-6　金属锌与溶液中硫酸锌的基本存在形式

a）金属键的电子海模型　b）硫酸锌溶液的溶剂化结构

当金属锌浸入硫酸锌溶液时，原本金属相与溶液相各自的平衡状态会被打破。此时，对于界面处的锌离子来说，存在以下两种过程倾向：

1）金属相中的自由电子与锌离子之间的静电作用，如图 2-7a 所示。这种作用既可以阻止金属体相表面的锌离子向溶液中溶解，也可以促使界面上的水合锌离子去溶剂化，进而沉积到金属锌表面。

2）界面水分子对锌离子的溶剂化作用如图 2-7b 所示。这种作用既可以促使金属表面的锌离子进入溶液相，也可以阻碍水合锌离子的去溶剂化过程，进而阻止溶液中的锌离子向金属相沉积。

当金属浸入溶液时，金属 | 溶液界面首先发生金属侧金属离子的溶解还是溶液侧金属离子的沉积，主要看上述两种作用中的哪一种作用占主导地位。根据实验结果，锌 | 硫酸锌溶液构成的电极体系首先发生锌离子的溶解与水合（类似图 2-7b），该过程可表示为

$$Zn^{2+}\cdots 2e^- + nH_2O \rightarrow [Zn(H_2O)_n]^{2+} + 2e^-$$

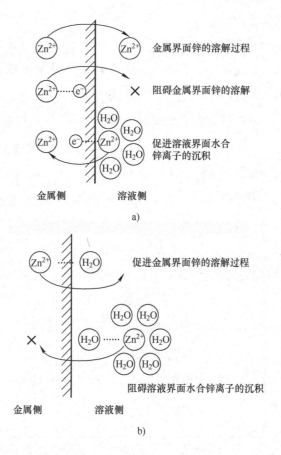

图 2-7 金属锌浸泡在硫酸锌溶液中发生的两类相互作用

a）金属相中自由电子与锌离子的静电作用 b）界面水分子对锌离子的溶剂化作用

式中，n 为水化数。

当金属表面的锌离子部分溶解后，金属表面随即带负电荷。与之对应，溶液相因为锌离子数量增加而带正电荷。此时会产生类似图 2-7a 所示的结果，即金属表面的剩余负电荷会阻碍锌离子的进一步溶解，并加速溶液侧锌离子的沉积，该过程可表示为

$$[Zn(H_2O)_n]^{2+} + 2e^- \rightarrow Zn^{2+} \cdots 2e^- + nH_2O$$

当以上两个过程的速率相等，即锌的沉积与溶解速率相等时，金属锌在硫酸锌溶液中会建立一种动态平衡。此时，两相界面累积的剩余电荷数量不再变化，形成稳定的离子双电层（见图 2-1）。这种离子双电层产生的电势差

是电极电势的主要来源。

以上过程也可以根据电化学势的概念进行分析。已知锌 | 硫酸锌溶液在界面处发生锌的沉积与溶解，两相平衡的条件是体系中各粒子的电化学势代数和为 0，见式（2-7）。

$$Zn \rightleftharpoons Zn^{2+} + 2e^-$$

$$\bar{\mu}_{Zn}^{M} = \bar{\mu}_{Zn^{2+}}^{S} + 2\bar{\mu}_{e^-}^{M} \tag{2-7}$$

式中，$\bar{\mu}_{Zn}^{M}$ 代表金属相（Metal）中锌原子的电化学势；$\bar{\mu}_{e^-}^{M}$ 代表金属相中电子的电化学势；$\bar{\mu}_{Zn^{2+}}^{S}$ 代表溶液相（Solution）中锌离子的电化学势。由于锌原子不带电，即锌原子不做电功，所以其电化学势与化学势相等，即

$$\bar{\mu}_{Zn}^{M} = \mu_{Zn}^{M} \tag{2-8}$$

根据电化学势的表达式（2-3），即粒子的电化学势为其化学势与电功之和，可得

$$\bar{\mu}_{Zn^{2+}}^{S} = \mu_{Zn^{2+}}^{S} + 2F\phi^{S} \tag{2-9}$$

$$\bar{\mu}_{e^-}^{M} = \mu_{e^-}^{M} - F\phi^{M} \tag{2-10}$$

所以将上述关系代入粒子在两相间的平衡条件式（2-7）可得出关系式（2-11）

$$\phi^{M} - \phi^{S} = \frac{\mu_{Zn^{2+}}^{S} - \mu_{Zn}^{M}}{2F} + \frac{\mu_{e^-}^{M}}{F} \tag{2-11}$$

式（2-11）即为锌 | 硫酸锌电极体系达到相间平衡的条件，金属锌与硫酸锌溶液的内电势之差（$\phi^{M} - \phi^{S}$）就是该电极的电极电势。

由此可以写出电极反应达到平衡条件的通式，即

$$\phi^{M} - \phi^{S} = \frac{\sum \nu_i \mu_i}{nF} + \frac{\mu_{e^-}}{F} \tag{2-12}$$

式中，$\phi^{M} - \phi^{S}$ 为电极电势；ν_i 为粒子 i 的化学计量数；μ_i 为粒子 i 的化学势；n 为电极反应的电子转移数；μ_{e^-} 为电子的化学势。需要注意的是，规定电极反应中氧化态物质的 ν 为正值、还原态物质的 ν 为负值。

2.1.3　绝对电势与相对电势

1. 绝对电势与相对电势的概念

根据之前的讨论，电极电势就是电极体系中电子导体相（金属相）和离子导体相（溶液相）之间的内电势之差，其数值即为电极的绝对电势。由于

内电势的绝对数值不可测，这就导致了电极电势的绝对值同样无法直接测得。金属锌电极与金属铜电极构成的回路如图2-8所示。

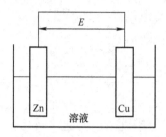

图2-8 金属锌电极与金属铜电极构成的回路

金属锌与金属铜之间通过导线连接，利用仪器测得的读数 E 实际为金属锌与溶液的内电势之差（$\phi^{Zn} - \phi^{S}$）、溶液与金属铜的内电势之差（$\phi^{S} - \phi^{Cu}$）及金属铜与金属锌的内电势之差（$\phi^{Cu} - \phi^{Zn}$）三者的代数

$$E = (\phi^{Zn} - \phi^{S}) + (\phi^{S} - \phi^{Cu}) + (\phi^{Cu} - \phi^{Zn}) \tag{2-13}$$

即

$$E = \Delta^{Zn}\phi^{S} + \Delta^{S}\phi^{Cu} + \Delta^{Cu}\phi^{Zn} \tag{2-14}$$

由于测试时锌、铜材料不变，所以 $\Delta^{Cu}\phi^{Zn}$ 为恒定值。假设 $\Delta^{S}\phi^{Cu}$ 的数值可以通过某种方式维持恒定，那么我们可以获得不同条件下的 E 值，即在测试条件1下的 E_1 值和在测试条件2下的 E_2 值。

$$E_1 = (\Delta^{Zn}\phi^{S})_1 + \Delta^{S}\phi^{Cu} + \Delta^{Cu}\phi^{Zn} \tag{2-15}$$

$$E_2 = (\Delta^{Zn}\phi^{S})_2 + \Delta^{S}\phi^{Cu} + \Delta^{Cu}\phi^{Zn} \tag{2-16}$$

则

$$\Delta E = E_2 - E_1 = (\Delta^{Zn}\phi^{S})_2 - (\Delta^{Zn}\phi^{S})_1 = \Delta(\Delta^{Zn}\phi^{S}) \tag{2-17}$$

如果保持测试条件1和测试条件2不变，可以通过仪器测量出一系列电极从测试条件1转变至测试条件2时的电势变化 ΔE。不同电极 ΔE 的大小排序与其绝对电势数值排序相同。

2. 相对电极电势的测量

为了测定电极 M 的相对电极电势，将电极 M 与电极 R 通过导线相连并同时浸入离子导体相（溶液）中，其中，电极 R 的电极电势可以保持恒定，我们把电极 R 称作参比电极（reference electrode）。根据图2-9所示的原电池回路测得的电池端电压 E 即为电极 M 的相对电极电势，习惯上将其简称为电极 M 的电极电势，用 φ 表示。需要注意的是，不同测试方法选择的参比电极可能不同，因而根据不同参比电极测得的 φ 值存在差异。因此，在描述 φ 的时候，需要说明所用参比电极的种类。

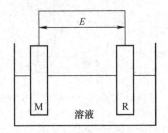

图 2-9　相对电极电势的测量回路

与式（2-15）类似，图 2-9 中仪器读出的 E 可以写作

$$E = \Delta^M\phi^S + \Delta^S\phi^R + \Delta^R\phi^M$$
$$= \Delta^M\phi^S - \Delta^R\phi^S + \Delta^R\phi^M \tag{2-18}$$

式中，$\Delta^M\phi^S$ 为电极 M 的绝对电势；$\Delta^R\phi^S$ 为参比电极的绝对电势；$\Delta^R\phi^M$ 为 R 与 M 之间的接触电势（实质就是电子在两相中的内电势之差）。

由于 R 与 M 通过良导体相连，所以电子在两相之间达到转移平衡时，两相中电子的电化学势相等，即

$$\overline{\mu}_{e^-}^R = \overline{\mu}_{e^-}^M \tag{2-19}$$

根据带电粒子电化学势的表达式（2-3），可将式（2-19）改写为

$$\mu_{e^-}^R - F\phi_{e^-}^R = \mu_{e^-}^M - F\phi_{e^-}^M \tag{2-20}$$

$$\mu_{e^-}^R - \mu_{e^-}^M = F(\phi_{e^-}^R - \phi_{e^-}^M) \tag{2-21}$$

$$\frac{\mu_{e^-}^R - \mu_{e^-}^M}{F} = (\phi_{e^-}^R - \phi_{e^-}^M) = \Delta^R\phi_{e^-}^M = \Delta^R\phi^M \tag{2-22}$$

根据式（2-22），可将式（2-18）改写成

$$E = \Delta^M\phi^S - \Delta^R\phi^S + \frac{\mu_{e^-}^R - \mu_{e^-}^M}{F}$$

$$= \left(\Delta^M\phi^S - \frac{\mu_{e^-}^M}{F}\right) - \left(\Delta^R\phi^S - \frac{\mu_{e^-}^R}{F}\right) \tag{2-23}$$

式中，$\Delta^M\phi^S$ 可以理解为电极反应 $M\to M^{n+}+ne^-$ 达到平衡时的相间电势。根据式（2-12）可得

$$\Delta^M\phi^S = \phi^M - \phi^S = \frac{\sum \nu_i\mu_i}{nF} + \frac{\mu_{e^-}^M}{F} \tag{2-24}$$

同理，$\Delta^R\phi^S$ 可以理解为电极反应 $R\to R^{m+}+me^-$ 达到平衡时的相间电势，即

$$\Delta^R\phi^S = \phi^R - \phi^S = \frac{\sum \nu_j\mu_j}{mF} + \frac{\mu_{e^-}^R}{F} \tag{2-25}$$

结合式（2-24）可得

$$E = \frac{\sum \nu_i\mu_i}{nF} - \frac{\sum \nu_j\mu_j}{mF} \tag{2-26}$$

我们将与 M 相关的一项看作 M 电极的相对电势 φ，将与 R 相关的一项看作参比电极的相对电势 φ^R，则有

$$E = \varphi - \varphi^R \tag{2-27}$$

若规定 $\varphi^R=0$，则构建的原电池端电压 E 就是研究电极 M 的相对电极电势数值，即

$$E = \varphi = \frac{\sum \nu_i\mu_i}{nF} = \Delta^M\phi^S - \frac{\mu_{e^-}^M}{F} \tag{2-28}$$

值得一提的是，根据式（2-28）可以看出，研究电极 M 的相对电极电势由 M 相与溶液的内电势之差，以及 M 电极与参比电极接触电位中的一部分共同决定。

3. 相对电极电势的实际使用

由于参比电极的选择具有多样性，同一研究电极的相对电极电势由于参比的不同也会存在数值上的差异。在此，我们以电化学中最重要的一种参比电极——标准氢电极（Standard Hydrogen Electrode，SHE）为例，介绍相对电极电势的实际应用。以标准氢电极作为参比电极测得的相对电极电势称为氢标电极电势。

氢电极的基本结构如图 2-10 所示，将铂黑电极（表面经过特殊处理）的一半铂片浸入溶液，使用时通入纯净氢气，当铂黑电极表面吸附了氢气后，

构成的电极体系即为氢电极。值得注意的是，唯有溶液氢离子活度 a 为 1、通入氢气的压力为 101325Pa（1atm）时的氢电极才被称为标准氢电极。标准氢电极可以用以下形式表示。

$$\text{Pt}, \text{H}_2(p=101325\text{Pa}) \mid \text{H}^+(a=1)$$

标准氢电极的电极反应为

$$\frac{1}{2}\text{H}_2 \rightleftharpoons \text{H}^+ + \text{e}^-$$

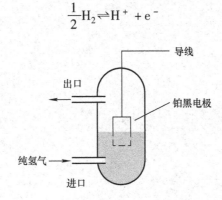

图 2-10　氢电极的基本结构

在电化学中，用 $\varphi^0_{\text{H}_2/\text{H}^+}$ 表示标准氢电极的相对电极电势，上标 0 代表电极处于标准态（活度为 1，氢气分压为 1atm），并规定任何温度下 $\varphi^0_{\text{H}_2/\text{H}^+}=0$，即

$$\varphi^0_{\text{H}_2/\text{H}^+} = \Delta^{\text{H}_2}\phi^{\text{H}^+} - \frac{\mu_{\text{e}^-}^{\text{H}_2(\text{Pt})}}{F} = 0.000\text{V} \tag{2-29}$$

当以标准氢电极作为参比电极时，任何一个电极与标准氢电极构成的原电池，其电动势即为该电极的相对标准氢电极的相对电极电势，即该电极的氢标电极电势。我们规定，若研究电极与标准氢电极组成原电池后，研究电极上发生还原反应，则该电极的电极电势为正值，反之则为负值。

2.1.4　液体接界电势

当两个电解质溶液相直接接触时，如果两个溶液相的组成或浓度不同，那么溶液中的溶质粒子会自发地从高浓度区向低浓度区扩散。在扩散过程中，由于阴、阳离子扩散速度不同，在两相界面处会发生正、负电荷分离而形成双电层，进而产生电势差。由此导致的相间电势即为两个溶液相的液体接界电势，简称为液接电势。由于液接电势是扩散导致的相间电势，所以有时也将其称为扩散电势，用 ϕ_j 表示。液接电势的大小与离子的扩散速率、温度、溶液的浓度差异等因素相关。这种电势可能会影响电化学系统中的离子传递和反应，特别是在离子选择性电极和电池等系统中。

从本质上来说，液接电势无法完全消除。并且由于液接电势的测量难度较大，因而在某一电化学体系中存在较大液接电势时，对其进行相关测试获得的电化学参数将失去参考价值。因此，在电化学测试中，我们希望可以将液接电势降低至可以忽略不计的程度，其中较为典型的降低液接电势的方法是使用"盐桥"。常用的盐桥为高浓度 KCl 溶液与琼脂组成的固体凝胶。当两个浓度不太高的电解质溶液通过盐桥（如 $3.5\mathrm{mol} \cdot \mathrm{L}^{-1}$ 的 KCl 盐桥）相连时，会形成两个接界面。由于盐桥中的离子浓度远高于被盐桥连接的溶液相，因而盐桥中 K^+ 和 Cl^- 的向外扩散就会变成接界面上离子扩散的主流。又因为 K^+ 和 Cl^- 的离子迁移率十分接近，此时，盐桥与两个电解质溶液相接触产生的液接电势都很小，且两者方向相反，几乎完全抵消。实验表明，利用 $3.5\mathrm{mol} \cdot \mathrm{L}^{-1}$ 的 KCl 盐桥连接 $0.1\mathrm{mol} \cdot \mathrm{L}^{-1}$ 的 HCl 溶液和 $0.1\mathrm{mol} \cdot \mathrm{L}^{-1}$ 的 KCl 溶液，其液接电势低至 $1.1\mathrm{mV}$。当两种溶液直接接触时，液接电势高达 $28.2\mathrm{mV}$。

需要注意的是，盐桥需要具备以下基本要求：

1）不与待测体系发生反应或不干扰相关测定。

2）盐桥中的电解质浓度要远大于待测溶液。

3）盐桥中阴、阳离子的迁移速率要相近。

2.2 常见电化学体系

2.2.1 原电池

1. 原电池的含义与基本特征

原电池也称为电化学电池（简称化学电池），是一种通过氧化还原反应将化学能转化为电能的装置。它由两个半电池组成，每个半电池包含一个电极和与之相关的电解质。两个半电池之间通过一个连接它们的电导体（如导线）和一个允许离子传递的隔膜连接（如盐桥或离子交换膜）在一起。

在原电池中，两个半电池中发生氧化还原反应，产生电势差，即电动势。

电流在外部电路中流动，从而将化学能转化为电能。这个电势差是由两个半电池中氧化还原反应的标准电势之差决定的。

2. 普通氧化还原反应与原电池体系的联系与区别

如图 2-11a 所示，将金属锌浸入硫酸铜溶液会自发进行置换反应，即

氧化反应 $\qquad\qquad\qquad Zn - 2e^- \rightarrow Zn^{2+}$

还原反应 $\qquad\qquad\qquad Cu^{2+} + 2e^- \rightarrow Cu$

总反应 $\qquad\qquad\qquad Zn + Cu^{2+} \rightarrow Zn^{2+} + Cu$

如图 2-11b 所示，以金属锌和金属铜分别作为负极和正极可以构成原电池，即丹尼尔电池，其电极反应如下：

负极（阴极） $\qquad\qquad Zn - 2e^- \rightarrow Zn^{2+}$

正极（阳极） $\qquad\qquad Cu^{2+} + 2e^- \rightarrow Cu$

电池反应 $\qquad\qquad\quad Zn + Cu^{2+} \rightarrow Zn^{2+} + Cu$

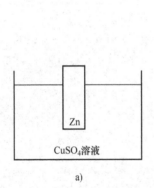 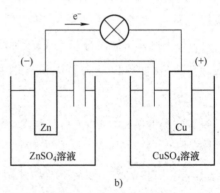

图 2-11 普通氧化还原体系与原电池体系的示意图

a）金属锌在硫酸铜溶液中的置换反应 b）丹尼尔电池示意图

通过比较上述过程我们可以发现，金属锌与硫酸铜溶液发生的置换反应与锌 – 铜原电池（丹尼尔电池）的电池反应相同，由此可见，两者的化学反应本质是一样的，都是金属锌与铜离子之间的氧化还原过程。然而，在以上两种过程中产生的能量变化却有很大的差异。具体地说，在金属锌与硫酸铜溶液的置换过程中，金属锌与铜离子直接接触，并在接触的位置完成电子传递，进而完成整个氧化还原反应，并伴随化学能转化为热能的过程（即反应体系温度变化）。而在丹尼尔电池体系，金属锌与硫酸铜溶液没有直接接触，锌的溶解反应和铜的沉积反应分别发生在电池的阳极区（负极区）与阴极区

（正极区），氧化还原反应需要通过外电路中电子的转移才能实现，即在外电路中产生电流。因此，尽管原电池体系与普通氧化还原反应的化学本质相同，但是利用原电池的电池反应可以将化学能转化为电能。

3. 原电池的表达方式

在电化学中，可以通过电池符号来表达一个原电池体系，例如，丹尼尔电池的电池符号可以写作

$$25℃,(-)Zn|ZnSO_4(a_{Zn^{2+}}=1)\parallel CuSO_4(a_{Cu^{2+}}=1)|Cu(+)$$

由此，我们可以总结出电池符号的书写规则：

1）原电池的工作温度写在最左侧，负极写在左侧，正极写在右侧，溶液写在中间。

2）溶液中涉及电池反应的相关离子浓度（活度）需要注明。如果参与电极反应的是气体物质，则需注明该气体的分压（逸度）。

3）凡是出现两相界面，均须用"$|$"或"，"表示，盐桥可用"$\parallel$"表示。

4）如果正、负极材料需要以惰性材料（电极）作为载体进行电极反应（如，吸附了氢气的铂片电极，氢气为实际参与电极反应的物质，铂片为惰性载体），则需注明惰性载体的种类。例如，

$$25℃,(-)Pt,H_2(1atm)|H^+(a_{H^+}=1)\parallel Cl^-(a_{Cl^-}=1)|Cl_2(1atm),Pt(+)$$

则代表如下电池反应构建的原电池

$$H_2+Cl_2\rightarrow HCl$$

式中，原电池的温度为 $25℃$，负极为 $H_2|H^+$ 电极（惰性载体为 Pt，氢气分压为 1atm，H^+ 活度为1），正极为 $Cl_2|Cl^-$ 电极（惰性载体为 Pt，氯气分压为 1atm，Cl^- 活度为1）。

4. 电池的可逆性

可逆电池需要满足以下条件。

1）化学反应可逆，即电池过程的物质变化是可逆的。换句话说，也就是电池在放电过程中发生的物质变化，在通过反向电流（即充电过程）后可以恢复至放电前的初始状态。具有化学反应可逆性也是目前绝大多数二次电池（可充电电池）的基本要求。以铅酸电池为例，其放电时的电池过程如下：

负极（阴极）　　　　　$Pb - 2e^- + SO_4^{2-} \rightarrow PbSO_4$

正极（阳极）$PbO_2 + 2e^- + 4H^+ + SO_4^{2-} \rightarrow PbSO_4 + 2H_2O$

电池反应　　$Pb + PbO_2 + 4H^+ + 2SO_4^{2-} \rightarrow 2PbSO_4 + 2H_2O$

充电时，正、负极电极反应即为放电的逆过程。所以铅酸电池的总反应为

$$Pb + PbO_2 + 4H^+ + 2SO_4^{2-} \xrightarrow[充电]{放电} 2PbSO_4 + 2H_2O$$

2）能量转化可逆，即用电池放出的能量再对电池进行充电，电池和环境都能恢复成放电前的初始状态。对于电池来说，在一个能量可逆的电池中，正向反应是在放电过程中发生的，电能被转化为化学能。而在反向反应中，电池被充电，而电能被重新储存为化学能。在理想情况下，这两个过程之间不会发生能量损失，电池的效率是100%。

然而，在实际电池中，由于各种原因（如，内部电阻、浓度极化等），总会有一些能量损失，这部分能量以热能的形式不可逆地耗散于环境中。所以实际使用中的电池均无法满足能量转化可逆的要求，因而不能称作可逆电池。由此可见，唯有通过电池的电流无限小、过程无限缓慢的充放电过程，继而使电池反应始终在平衡态下进行，才有可能实现电池的能量可逆性。所以可逆电池仅仅是一种理想模型。

5. 评价电池做电功的能力——电池电动势

我们将电池的电动势定义为没有电流通过时，原电池两个终端相之间的电势差，用 E 表示。如果电池为可逆电池，根据电功计算公式可得

$$W = EQ \tag{2-30}$$

式中，W 为电功；E 为电动势；Q 为电池反应时通过的电量。根据法拉第定律，可将式（2-30）改写成

$$W = nFE \tag{2-31}$$

式中，n 为参与反应的电子数；F 为法拉第常数。

根据化学热力学，恒温恒压下，可逆过程所做的最大有用功等于电化学体系的吉布斯自由能的减少。因而

$$W = -\Delta G \tag{2-32}$$

$$-\Delta G = nFE \tag{2-33}$$

根据式（2-33），可将热力学与电化学联系起来，即原电池的电能来源于电化学体系的吉布斯自由能变化，其中电动势的单位为伏特（V），自由能的单位为焦耳（J）。需要注意的是，以上规律仅适用于可逆电池，即可逆电池的最大有用功才等于其电功。对于化学可逆的不可逆电池，由热能导致的体系的吉布斯自由能变化不可忽略。

对于图 2-12 所示的原电池，无电流通过（即电池断路）时相 I 与相 II 之间的电池端电压 E 即为该电池的电动势，表达为

$$E = \Delta^{\text{I}}\phi^{\text{S}} + \Delta^{\text{S}}\phi^{\text{II}} + \Delta^{\text{Cu}}\phi^{\text{I}} + \Delta^{\text{II}}\phi^{\text{Cu}} \tag{2-34}$$

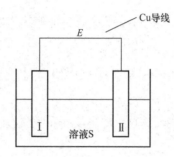

图 2-12　简单的原电池结构

由于相 I、相 II 均为电子导体，且与 Cu 导线（良电子导体）相连，所以当电池平衡时，电子在相 I、相 II、Cu 导线中的电化学势相等，即

$$\bar{\mu}_{e^-}^{\text{Cu}} = \bar{\mu}_{e^-}^{\text{I}} = \bar{\mu}_{e^-}^{\text{II}} \tag{2-35}$$

$$\mu_{e^-}^{\text{Cu}} - F\phi_{e^-}^{\text{Cu}} = \mu_{e^-}^{\text{I}} - F\phi_{e^-}^{\text{I}} = \mu_{e^-}^{\text{II}} - F\phi_{e^-}^{\text{II}} \tag{2-36}$$

所以

$$\Delta^{\text{Cu}}\phi^{\text{I}} = \Delta^{\text{Cu}}\phi_{e^-}^{\text{I}} = \phi_{e^-}^{\text{Cu}} - \phi_{e^-}^{\text{I}} = \frac{\mu_{e^-}^{\text{Cu}} - \mu_{e^-}^{\text{I}}}{F} \tag{2-37}$$

$$\Delta^{\text{II}}\phi^{\text{Cu}} = \Delta^{\text{II}}\phi_{e^-}^{\text{Cu}} = \phi_{e^-}^{\text{II}} - \phi_{e^-}^{\text{Cu}} = \frac{\mu_{e^-}^{\text{II}} - \mu_{e^-}^{\text{Cu}}}{F} \tag{2-38}$$

所以

$$\begin{aligned}
\Delta^{\text{Cu}}\phi^{\text{I}} + \Delta^{\text{II}}\phi^{\text{Cu}} &= \frac{\mu_{e^-}^{\text{Cu}} - \mu_{e^-}^{\text{I}}}{F} + \frac{\mu_{e^-}^{\text{II}} - \mu_{e^-}^{\text{Cu}}}{F} \\
&= \frac{\mu_{e^-}^{\text{II}} - \mu_{e^-}^{\text{I}}}{F} \\
&= \Delta^{\text{II}}\phi^{\text{I}}
\end{aligned} \tag{2-39}$$

将式（2-39）代入式（2-34），可得

$$E = \Delta^{\mathrm{I}}\phi^{\mathrm{S}} + \Delta^{\mathrm{S}}\phi^{\mathrm{II}} + \Delta^{\mathrm{II}}\phi^{\mathrm{I}} \tag{2-40}$$

即，电池的电动势可以看作电池各界面的内电势之差的代数和。

电池的电动势通常随温度变化而变化，其变化率称为温度系数。其热力学定义为，恒压下，原电池电动势对温度的偏微分 $\left(\dfrac{\partial E}{\partial T}\right)_{\mathrm{p}}$。根据吉布斯 - 亥姆霍兹方程可得

$$-\Delta H = nFE - nFT\left(\frac{\partial E}{\partial T}\right)_{\mathrm{p}} \tag{2-41}$$

式（2-41）为吉布斯 - 亥姆霍兹方程在电池热力学中的表达形式，式中的 nFE 为原电池所做电功。由此可见：

1）当温度系数小于零，电功小于反应的焓变，一部分化学能转化为热能，绝热体系中电池会慢慢变热。

2）当温度系数大于零，电功大于反应的焓变，电池工作时会从外界吸热。

3）当温度系数等于零，电功等于反应的焓变，电池工作时没有温度变化。

当用电压表连接原电池两端时，原电池回路中有电流通过。此时原电池的内阻会导致欧姆电压降的出现。因而电压表显示的读数不能代表原电池的电动势。原电池电动势的测量可以通过构建特殊电路实现，这里不做具体介绍。

6. 能斯特方程——可逆原电池的热力学计算

针对可逆原电池，我们可以利用相关热力学定律进行计算。以锌 - 铜原电池为例。

$$T,(-)\mathrm{Zn} \mid \mathrm{ZnSO_4}(a_{\mathrm{Zn^{2+}}}) \parallel \mathrm{CuSO_4}(a_{\mathrm{Cu^{2+}}}) \mid \mathrm{Cu}(+)$$

负极（阴极）　　　　　　$\mathrm{Zn} - 2e^- \rightleftharpoons \mathrm{Zn^{2+}}$

正极（阳极）　　　　　　$\mathrm{Cu^{2+}} + 2e^- \rightleftharpoons \mathrm{Cu}$

电池反应　　　　　　　　$\mathrm{Zn} + \mathrm{Cu^{2+}} \rightleftharpoons \mathrm{Zn^{2+}} + \mathrm{Cu}$

根据范特霍夫方程（Van't Hoff equation），即化学平衡等温式，电化学体系的吉布斯自由能变 ΔG 可表示为

$$-\Delta G = RT\ln K - RT\ln Q \tag{2-42}$$

式中，K 为平衡常数；Q 为反应商（对于气体反应称为压力商，对于溶液反应称为活度商）。将式（2-42）代入电池反应，可得

$$-\Delta G = RT\ln K - RT\ln \frac{a_{Cu}a_{Zn^{2+}}}{a_{Zn}a_{Cu^{2+}}} \tag{2-43}$$

由于 $-\Delta G = nFE$，由此可得

$$nFE = RT\ln K - RT\ln \frac{a_{Cu}a_{Zn^{2+}}}{a_{Zn}a_{Cu^{2+}}}$$

$$E = \frac{RT}{nF}\ln K - \frac{RT}{nF}\ln \frac{a_{Cu}a_{Zn^{2+}}}{a_{Zn}a_{Cu^{2+}}} \tag{2-44}$$

针对可逆原电池，若电池反应中的各种物质处于标准状态（即溶液中各物质的活度为 1，气体物质的逸度为 1）时，可得

$$E = E^0 = \frac{RT}{nF}\ln K \tag{2-45}$$

式中，E^0 称作可逆原电池在标准状态下的电动势，简称标准电动势。

由此可将式（2-44）改写为

$$E = E^0 - \frac{RT}{nF}\ln \frac{a_{Cu}a_{Zn^{2+}}}{a_{Zn}a_{Cu^{2+}}} \tag{2-46}$$

式（2-46）即为可逆锌－铜原电池在非标准状态下电池电动势的计算方法。由此推广，可得任意可逆原电池的电动势热力学计算公式，即

$$E = E^0 - \frac{RT}{nF}\ln \frac{\prod a_{生成物}^{\nu'}}{\prod a_{反应物}^{\nu}} \tag{2-47}$$

式中，ν 和 ν' 分别为电池反应中反应物和生成物的化学计量数。式（2-47）即为能斯特方程（Nernst equation），它表达了可逆原电池在非标准状态下的电动势计算方法。

2.2.2 电解池

当两个电子导体（电极）插入电解质，导体的两端由直流电源相连，构成一种电化学体系。在外电源的作用下，电极表面不断发生氧化还原反应产生新物质。这种将电能转化为化学能的装置就称作电解池，对应过程称作电解。与外电源正极相连的电极称作阳极（发生氧化反应），与外电源负极相连

的电极称作阴极（发生还原反应），图 2-13 所示为金属锌与金属铁构成的两种电化学体系。

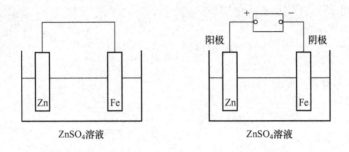

图 2-13　金属锌与金属铁构成的两种电化学体系

　　将金属锌与金属铁同时插入硫酸锌溶液，若直接用导线将二者相连，所构成的电化学体系无法自发对外做功，即体系的吉布斯自由能变 $\Delta G > 0$。若在此基础上接入一个外电源，电源正极与金属锌相连、负极与金属铁相连，在外电流的作用下，金属锌的表面发生氧化反应（以 Zn^{2+} 的形式不断溶解），金属铁的表面发生还原反应（铁电极界面处的 Zn^{2+} 以金属锌的形式沉积在铁电极表面），这就是一个典型的电解过程。通过此过程，人们可以在铁器表面电镀一层金属锌。由此可见，原电池的反应可以自发进行，电化学体系的吉布斯自由能变 $\Delta G < 0$。而电解池必须在外加电流的作用下才能反应发生，所以电解池体系的吉布斯自由能变 $\Delta G > 0$。

2.2.3　腐蚀电池

　　腐蚀电池是一种由于金属在不同部位形成微观电池而引起的电化学腐蚀现象。这种电池产生于金属表面上的微观差异，例如，金属表面的小区域可能具有不同的氧化还原电势。这些微观差异可以引起电子流动，从而导致金属的腐蚀。

　　以金属锌作为负极、金属铜作为正极、稀硫酸为电解液构建原电池，锌负极发生金属锌的溶解过程，铜正极表面发生 H^+ 的还原过程。因此，从理论上来说，仅有铜正极一侧会有气泡产生。然而根据实验现象，金属锌与金属铜表面都有气泡出现，其中金属锌一侧气泡的产生与腐蚀电池有关，如图 2-14 所示。

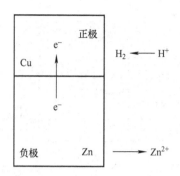

图 2-14　金属锌在稀硫酸中的电化学腐蚀

通常，金属锌中含有一定量的杂质（以碳为例），所以锌电极中存在无数锌–碳界面，每一个界面都可以构成一个短路的电化学体系。在这样的体系中，金属锌作为负极，发生锌的溶解过程，而碳电极附近的 H^+ 发生还原反应，以氢气的形式积累在碳电极的表面。由于锌与碳直接接触，所以电子可以直接从锌转移至碳。最终表现为，杂质微区生成氢气、其他区域发生锌的溶解。尽管腐蚀电池的工作同样产生了电流，但是由于体系短路，形成的电流无法通过外电路有效利用，最终只会以热量的形式耗散。因而也有人把腐蚀电池定义为，只能导致金属材料破坏，而不能对外界做有用功的短路原电池。

2.2.4　浓差电池

浓差电池是一种特殊类型的电化学体系，其工作原理基于不同浓度溶液之间的离子扩散引起的电势差。严格意义上来说，浓差电池并不是一种区别于原电池或腐蚀电池的新电化学体系。以金属银作为电极、硝酸银溶液作为电解液，可构成如图 2-15 所示的浓差电池，电池符号如下：

$$T,(-)Ag \mid AgNO_3(a') \mid AgNO_3(a'') \mid Ag(+) \quad (a' < a'')$$

由于浓差电池两侧溶液的液体接界处存在由浓度差引起的扩散过程，且该过程不可逆，所以浓差电池属于不可逆电池，无法测得其电动势。但是可以采取一些特殊的测试条件使浓差电池能够被近似看作可逆电池，此种情况下可以获得浓差电池的电动势，具体推导过程本书不做详细介绍。

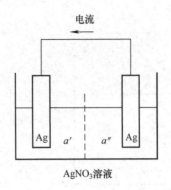

图 2-15　浓差电池示意图

2.3　平衡电极电势

2.3.1　可逆电极与平衡电极电势

1. 可逆电极

可逆原电池与可逆电极是相关但不完全相同的概念，前者指整个电池系统在充放电过程中表现出来的可逆性，而后者针对电化学体系中的某一个电极。由于电池总是由两个半电池构成，所以可逆电池对应的两个半电池反应（即正极、负极反应）必须可逆。由此可见，所谓可逆电极，是指其电化学反应可以在逆反应下完全恢复到原始状态，同时不发生任何能量损失的电极，是一种理论模型，即

1）电极反应可逆：正、逆反应速率相等，此时电极反应中物质交换与电荷交换平衡。

2）能量可逆：电池在平衡条件下工作。可以理解为通过电极的电流为零或者电流无限小。

由此可见，可逆电极的定义也可以表述为在平衡条件下工作且物质交换与电荷交换处于平衡的电极。因此可逆电极也可以称作平衡电极，一般用 φ 表示。

2. 可逆电极的电势——平衡电势

可逆电极的电势，也称作平衡电极的电势，简称为平衡电势。由于电极总是与特定电极反应对应，所以电极的平衡电势也就是对应电极反应的平衡

电势。若以标准氢电极作为参比电极，其与任意电极可构成原电池。通过对该原电池进行热力学计算，即可得到电动势，进而算出该电极相对标准氢电极的平衡电势。这种电极电势称作可逆电极的氢标（平衡）电势。

以 $Zn \mid Zn^{2+}(a)$ 电极为例，假设该电极为可逆电极，其平衡电势即为以下反应的平衡电势，即

$$Zn - 2e^- \rightleftharpoons Zn^{2+}$$

现将以上电极与标准氢电极组成原电池，电池符号如下：

$$T, (-) Zn \mid Zn^{2+}(a_{Zn^{2+}}) \parallel H^+(a_{H^+}) \mid H_2(p_{H_2}=101325Pa), Pt(+)$$

负极　　　　$Zn - 2e^- \rightleftharpoons Zn^{2+}$

正极　　　　$2H^+ + 2e^- \rightleftharpoons H_2$

总反应　　　$Zn + 2H^+ \rightleftharpoons Zn^{2+} + H_2$

若该电池为可逆电池，则根据能斯特方程可以求得该电池的电动势为

$$E = E^0 - \frac{RT}{2F} \ln \frac{a_{Zn^{2+}} p_{H_2}}{a_{Zn} a_{H^+}^2} \tag{2-48}$$

按照原电池的书写规则，左边为负极、右边为正极。由于实际测量时金属接触电势已经包含在两个电极的相对电极电势中，所以忽略液接电势后可得

$$E = \varphi_+ - \varphi_- \tag{2-49}$$

$$E^0 = \varphi_+^0 - \varphi_-^0 \tag{2-50}$$

将以上两种表达式（2-49）和式（2-50）代入式（2-48）可得

$$E = E^0 - \frac{RT}{2F} \ln \frac{a_{Zn^{2+}} p_{H_2}}{a_{Zn} a_{H^+}^2}$$

$$= \left(\varphi_{H_2/H^+}^0 - \varphi_{Zn/Zn^{2+}}^0 \right) - \left(\frac{RT}{2F} \ln \frac{p_{H_2}}{a_{H^+}^2} + \frac{RT}{2F} \ln \frac{a_{Zn^{2+}}}{a_{Zn}} \right)$$

$$= \left(\varphi_{H_2/H^+}^0 - \frac{RT}{2F} \ln \frac{p_{H_2}}{a_{H^+}^2} \right) - \left(\varphi_{Zn/Zn^{2+}}^0 + \frac{RT}{2F} \ln \frac{a_{Zn^{2+}}}{a_{Zn}} \right)$$

$$= \left(\varphi_{H_2/H^+}^0 + \frac{RT}{2F} \ln \frac{a_{H^+}^2}{p_{H_2}} \right) - \left(\varphi_{Zn/Zn^{2+}}^0 + \frac{RT}{2F} \ln \frac{a_{Zn^{2+}}}{a_{Zn}} \right) \tag{2-51}$$

由于将标准氢电极的（相对）电极电势规定为0，即 $\varphi_{H_2/H^+}^0 = 0$，且标准氢

电极中 a_{H^+} 与 p_{H_2} 均为1，所以式（2-51）中的第一项为0。结合式（2-49），可得

$$E = \varphi_+ - \varphi_- = 0 - \varphi_{Zn/Zn^{2+}}$$

$$\varphi_{Zn/Zn^{2+}} = -E = \varphi^0_{Zn/Zn^{2+}} + \frac{RT}{2F}\ln\frac{a_{Zn^{2+}}}{a_{Zn}}$$

由此可见，如果已知锌电极在标准状态下的电极电势 $\varphi^0_{Zn/Zn^{2+}}$，就可以根据电极反应各物质的活度算出锌电极的平衡电势。

$$\varphi_{H_2/H^+} = \varphi^0_{H_2/H^+} + \frac{RT}{2F}\ln\frac{a^2_{H^+}}{p_{H_2}}$$

同理，非标准状态下氢电极的平衡电势也可以根据电极反应各物质的活度（或逸度）来进行计算。

对于任意电极反应：

$$O + ne^- \rightleftharpoons R$$

其平衡电势可以写作

$$\varphi = \varphi^0 + \frac{RT}{nF}\ln\frac{a_{氧化态}}{a_{还原态}} \tag{2-52}$$

此为能斯特电极电势公式，用于计算非标准状态下可逆电极的电极电势。

2.3.2 可逆电极的分类

1. 第一类可逆电极

第一类可逆电极，又称阳离子可逆电极，是指金属浸泡在含有该金属离子的可溶盐中组成的电极。这类电极在进行电极反应时，主要发生金属的溶解或沉积过程，$Zn\mid ZnSO_4$、$Cu\mid CuSO_4$ 以及 $Ag\mid AgNO_3$ 等都属于第一类电极。以 $Zn\mid ZnSO_4$ 为例，其电极反应为

$$Zn \rightleftharpoons Zn^{2+} + 2e^-$$

平衡电势可写为

$$\varphi_{Zn/Zn^{2+}} = \varphi^0_{Zn/Zn^{2+}} + \frac{RT}{2F}\ln a_{Zn^{2+}} \tag{2-53}$$

由此可见，第一类可逆电极的平衡电势与金属离子的种类、活度和环境温度有关。

2. 第二类可逆电极

第二类可逆电极，又称阴离子可逆电极，是指将金属插入其难溶盐和与该难溶盐具有相同阴离子的可溶盐溶液中组成的电极，例如，$Ag \mid AgCl(s)$，KCl（a_{Cl^-}）（简称银–氯化银电极），$Hg \mid Hg_2Cl_2(s)$，KCl（a_{Cl^-}）（简称甘汞电极），$Pb \mid PbSO_4(s)$，H_2SO_4（$a_{SO_4^{2-}}$）（简称硫酸铅电极）。以 $Ag \mid AgCl(s)$，KCl（a_{Cl^-}）为例，这种电极可以通过将 Ag 表面电镀一层 AgCl 固体，再将其置于一定浓度 KCl 溶液的方法获得，其电极反应为

$$AgCl + e^- \rightleftharpoons Ag + Cl^-$$

平衡电势可写为

$$\varphi_{Ag/AgCl} = \varphi_{Ag/AgCl}^0 + \frac{RT}{F}\ln\frac{1}{a_{Cl^-}} \tag{2-54}$$

由此可见，这类电极的平衡电势与阴离子的种类、活度和环境温度有关。但是需要指出，这类电极进行反应时，本质仍是金属离子的氧化还原。因而可以将电极反应拆分成两步，第一步为金属 Ag 的溶解与沉积，第二步为 Ag^+ 与 Cl^- 可逆形成 AgCl 沉淀：

① $Ag(s) \rightleftharpoons Ag^+ + e^-$。

② $Ag^+ + Cl^- \rightleftharpoons AgCl(s)$。

由于第二步没有发生电子转移，即不属于电化学反应，所以，$\varphi_{Ag/AgCl}$ 就等于第一步反应的平衡电势 φ_{Ag/Ag^+}，即

$$\varphi_{Ag/AgCl} = \varphi_{Ag/Ag^+}^0 + \frac{RT}{F}\ln a_{Ag^+} \tag{2-55}$$

由于 Ag^+ 与 Cl^- 生成难溶盐，根据沉淀–溶解平衡，可以查表获得 AgCl 的溶度积常数 K_{sp}，即

$$K_{sp} = a_{Ag^+}a_{Cl^-} \tag{2-56}$$

由此可得 $a_{Ag^+} = \dfrac{K_{sp}}{a_{Cl^-}}$

所以，式（2-55）可改写为

$$\varphi_{Ag/AgCl} = \varphi_{Ag/Ag^+}^0 + \frac{RT}{F}\ln\frac{K_{sp}}{a_{Cl^-}}$$

$$= \varphi_{Ag/Ag^+}^0 + \frac{RT}{F}\ln K_{sp} + \frac{RT}{F}\ln\frac{1}{a_{Cl^-}} \tag{2-57}$$

结合式 (2-54)，可得

$$\varphi_{\mathrm{Ag/AgCl}}^0 = \varphi_{\mathrm{Ag/Ag^+}}^0 + \frac{RT}{F}\ln K_{\mathrm{sp}} \tag{2-58}$$

由此，就利用溶度积常数将第二类可逆电极、第一类可逆电极的平衡电势联系起来。在第二类可逆电极中，尽管实质是阳离子的可逆过程，但是阳离子的活度受到阴离子的制约，所以这类电极的平衡电势仍然与阴离子活度有关。

3. 第三类可逆电极

第三类可逆电极是指由惰性材料（如金属铂）插入同种元素的两种不同价态离子的溶液中组成的电极，例如，$\mathrm{Pt}\,|\,\mathrm{Fe^{2+}}\,(a_{\mathrm{Fe^{2+}}})$，$\mathrm{Fe^{3+}}\,(a_{\mathrm{Fe^{3+}}})$、$\mathrm{Pt}\,|\,\mathrm{Sn^{2+}}\,(a_{\mathrm{Sn^{2+}}})$、$\mathrm{Sn^{4+}}\,(a_{\mathrm{Sn^{4+}}})$ 等。在这类电极中，惰性材料仅仅为电极反应提供反应场所并起到导电的作用，自身并不参与电极反应。电极反应的实质是溶液中同一元素两种价态的离子之间的氧化还原反应，因而也有人把这类电极称作氧化还原电极。

以 $\mathrm{Pt}\,|\,\mathrm{Sn^{2+}}\,(a_{\mathrm{Sn^{2+}}})$，$\mathrm{Sn^{4+}}\,(a_{\mathrm{Sn^{4+}}})$ 电极为例，电极反应为

$$\mathrm{Sn^{4+}} + 2\mathrm{e^-} \rightleftharpoons \mathrm{Sn^{2+}}$$

其平衡电势表示为

$$\varphi_{\mathrm{Sn^{2+}/Sn^{4+}}} = \varphi_{\mathrm{Sn^{2+}/Sn^{4+}}}^0 + \frac{RT}{2F}\ln\frac{a_{\mathrm{Sn^{4+}}}}{a_{\mathrm{Sn^{2+}}}} \tag{2-59}$$

由此可见，第三类可逆电极的平衡电势与温度，以及两种价态离子的活度之比有关。

4. 气体电极

气体电极是指气体吸附在惰性材料表面，与溶液中相应离子发生氧化还原反应的电极。与第三类可逆电极类似，气体电极中的惰性材料依旧起到为电极反应提供场所并导电的作用。常见的气体电极有氢电极 $\mathrm{Pt}\,|\,\mathrm{H_2}\,(p_{\mathrm{H_2}})\,|\,\mathrm{H^+}\,(a_{\mathrm{H^+}})$ 和氧电极 $\mathrm{Pt}\,|\,\mathrm{O_2}\,(p_{\mathrm{O_2}})\,|\,\mathrm{OH^-}\,(a_{\mathrm{OH^-}})$，其电极反应分别为

$$2\mathrm{H^+} + 2\mathrm{e^-} \rightleftharpoons \mathrm{H_2}$$

$$\mathrm{O_2} + 2\mathrm{H_2O} + 4\mathrm{e^-} \rightleftharpoons 4\mathrm{OH^-}$$

平衡电势分别为

$$\varphi_{氢电极} = \varphi^0_{H_2/H^+} + \frac{RT}{2F}\ln\frac{a^2_{H^+}}{p_{H_2}} \tag{2-60}$$

$$\varphi_{氧电极} = \varphi^0_{O_2/OH^-} + \frac{RT}{2F}\ln\frac{p_{O_2}}{a^4_{OH^-}} \tag{2-61}$$

2.3.3 标准电极电势的应用

标准电极电势 φ^0，即可逆电极在标准状态下的平衡电势。规定标准氢电极的电势为0V，将其他标准电极与标准氢电极组成原电池，根据能斯特方程，可以得出各种标准电极相对标准氢电极的平衡电势。将得到的各种标准电极电势按照大小顺序排列，所得顺序即为标准电化学序，部分电极的标准电极电势如表2-1所示。

表2-1 部分电极的标准电极电势

电极反应	φ^0/V	$\dfrac{\mathrm{d}\varphi^0}{\mathrm{d}T}/(\mathrm{mV/K})$
$Li^+ + e^- \rightleftharpoons Li$	-3.045	-0.59
$K^+ + e^- \rightleftharpoons K$	-2.925	-1.07
$Ba^{2+} + 2e^- \rightleftharpoons Ba$	-2.90	-0.40
$Ca^{2+} + 2e^- \rightleftharpoons Ca$	-2.87	-0.21
$Na^+ + e^- \rightleftharpoons Na$	-2.714	0.75
$Mg^{2+} + 2e^- \rightleftharpoons Mg$	-2.37	0.81
$Al^{3+} + 3e^- \rightleftharpoons Al$	-1.66	0.53
$2H_2O + 3e^- \rightleftharpoons 2OH^- + H_2(g)$	-0.828	-0.80
$Zn^{2+} + 2e^- \rightleftharpoons Zn$	-0.763	0.10
$Fe^{2+} + 2e^- \rightleftharpoons Fe$	-0.440	0.05
$Cd^{2+} + 2e^- \rightleftharpoons Cd$	-0.402	-0.09
$2PbSO_4 + 2e^- \rightleftharpoons Pb + SO_4^{2-}$	-0.355	-0.99
$Tl^+ + e^- \rightleftharpoons Tl$	-0.336	-1.31
$Ni^{2+} + 2e^- \rightleftharpoons Ni$	-0.250	0.31
$Pb^{2+} + 2e^- \rightleftharpoons Pb$	-0.129	-0.38
$2H^+ + 2e^- \rightleftharpoons H_2(g)$	0	0
$Cu^{2+} + e^- \rightleftharpoons Cu^+$	0.153	0.07
$AgCl + e^- \rightleftharpoons Ag + Cl^-$	0.2224	-0.66
$Hg_2Cl_2 + 2e^- \rightleftharpoons 2Hg + 2Cl^-$	0.2681	-0.31
$Ag^+ + e^- \rightleftharpoons Ag$	0.7991	-1.00

标准电化学序可以用来比较不同化学物质的氧化还原倾向，用于描述溶液中的离子或物质在特定条件下的氧化还原反应的相对强弱。电极电势越负，表示电极反应的电对中，还原态物质越容易失去电子，对应氧化态物质越难得到电子，即还原态物质还原性越强。相反，电极电势越正，则电对中的还原态物质越难失去电子，氧化态物质越容易得到电子，即氧化态物质氧化性越强。以 Li^+/Li 电对为例，其电极电势仅有 $-3.045V$（相对于标准氢电极），远低于其他电对的电极电势。这意味着电对中单质 Li 的还原性很强，容易失去电子变成 Li^+。

标准电化学序常被用于确定化学反应的可能性，以及在电化学中作为一种比较不同物质氧化还原能力的指标，具体应用如下：

1）比较不同金属的活泼性。标准电极电势越负的电对，其电对中的还原态（即金属）的还原性越强，容易失去电子，即金属活泼性越强。需要指出，金属的反应活性与许多因素有关，仅仅通过标准电化学序来判断反应能否发生，存在局限性。例如，金属 Al 与金属 Fe 在空气中的腐蚀反应，尽管 Al 在标准电化学序中的位置靠前，但是由于致密氧化膜的存在，日常情况下 Al 不容易被空气腐蚀。

2）当两种或多种金属直接接触并同时置于电解液中（即构成腐蚀原电池），可根据标准电化学序，初步判断哪种金属的腐蚀过程被加速、哪种金属的腐蚀过程被抑制。例如，金属 Mg 与金属 Fe 构成腐蚀原电池，标准电化学序靠前的金属 Mg 优先被腐蚀，即牺牲阳极的阴极保护法。

3）初步判断电解过程中，溶液中的离子在阴极上的析出顺序。一般来说，在电解过程中，阴极优先析出的离子其电极电势较正（即，电对中金属离子的氧化性越强，越容易在阴极析出）。例如，同时含有 Ag^+ 和 Zn^{2+} 的溶液，在电解时，Ag^+ 优先以金属 Ag 的形式在阴极析出。

4）判断原电池正负极并计算标准电动势。以锌-铜原电池（丹尼尔电池）为例，锌作为负极，铜作为正极，其标准电动势为

$$E^0 = \varphi^0_+ - \varphi^0_- = \varphi^0_{Cu/Cu^{2+}} - \varphi^0_{Zn/Zn^{2+}} \tag{2-62}$$

需要指出：

1）利用标准电化学序判断电极反应的方向仅仅考虑了热力学因素，并没

有涉及反应动力学。

2）不适用于非水溶液体系、气体反应以及高温下的固体反应。

3）由于没有考虑反应物浓度、电极表面结构、溶液中各物质相互作用等因素，标准电化学序只能作为判断化学反应方向的参考。

2.4 不可逆电极

2.4.1 不可逆电极及其电势

不符合可逆电极条件的电极即为不可逆电极。以纯的金属锌与稀盐酸组成的电极为例，刚开始时，溶液中没有锌离子，所以存在锌的溶解反应与氢离子的还原反应，即

$$Zn \rightarrow Zn^{2+} + 2e^-$$

$$2H^+ + 2e^- \rightarrow H_2$$

当反应进行一段时间后，溶液中锌离子与氢离子共存，随即产生锌离子的还原与氢原子的氧化反应，即

$$Zn^{2+} + 2e^- \rightarrow Zn$$

$$H_2 \rightarrow 2H^+ + 2e^-$$

由此可见，此电极同时存在四个反应。在总反应过程中，锌的沉积与溶解速率不相等、氢的氧化与还原速率也不相等，最终表现为金属锌的溶解与氢气的析出。基于以上不可逆过程的电极电势称作不可逆电极电势，或称作不平衡电势。这种电极的电势数值不符合能斯特方程，只能通过实验测定。尽管不可逆电极的物质交换不平衡，但是当电荷在电极界面上的交换速率平衡时，也可以建立稳定的双电层，使电极电势达到稳定的状态。这种不可逆电极的稳定电极电势，称作稳定电势。相较于平衡电势，有时稳定电势更接近实际情况。

2.4.2 不可逆电极的分类

1. 第一类不可逆电极

金属浸入不含有该金属离子的溶液所构成的电极体系即为第一类不可逆电极，例如，$Zn \mid HCl$、$Fe \mid NaCl$ 等。以 $Zn \mid HCl$ 为例，尽管电极反应前溶液

中没有锌离子，但是随着金属锌的溶解，电极表面能够建立锌离子浓度的平衡。所以，第一类不可逆电极的电势也受金属离子浓度的影响。

2. 第二类不可逆电极

一些位于标准电化学序较后的金属（如 Cu、Ag 等）浸入能生成该金属不溶盐或氧化物的溶液中所形成的不可逆电极，即第二类不可逆电极，例如，Cu｜KOH、Ag｜KCl 等。由于生成物的溶解度很小，所以形成的难溶物会覆盖在金属表面，进而发生类似第二类可逆电极的过程。以 Cu｜KOH 为例，Cu 与 KOH 反应会生成一层难溶的 CuOH 层，由此形成类似 Cu｜CuOH（s），OH^- 电极的特征，Cu｜KOH 电极的稳定电势与阴离子活度（即 OH^- 的活度）有关。

3. 第三类不可逆电极

由金属浸入某种氧化性溶液所构成，例如，Fe｜HNO_3、Fe｜$KMnO_4$ 等，其电极反应主要依赖溶液中氧化态物质与还原态物质之间的氧化还原反应。

4. 不可逆气体电极

不可逆氢电极：一些具有较低析氢过电势的金属浸入水溶液（尤其是酸性溶液）中，建立起的不可逆电极，例如，Fe｜HCl、Ni｜HCl 等。在这类电极中，存在氢原子与氢离子之间的转化，也存在金属与金属阳离子之间的转化（溶解与沉积），但是后者的反应速率远远低于前者，因此，最终表现为类似气体电极的特征。

不可逆氧电极：例如，不锈钢在通气的水溶液中建立的电极体系，其稳定电势与氧气的分压以及氧气在溶液中的扩散有关，与溶液中金属离子的活度关系不大，进而表现出一定氧电极的特征。

可逆电极与不可逆电极的判别一般通过两步进行，首先，根据电极组成初步推断；然后，进行电极电势的实验测量。如果测量值与能斯特方程算出的理论值一致，即为可逆电极，反之则为不可逆电极。

电极电势的形成取决于界面双电层的结构，所以，任何会影响双电层结构的因素都有可能改变电极电势的大小，例如，电极材料的种类（本性）、金属表面的状态、溶液 pH 值、溶液氧化性、溶剂性质等。

2.5 电势 – pH 图

当电极反应涉及 H^+ 或 OH^- 时，平衡电势随溶液的 pH 值变化而变化（即受 H^+ 或 OH^- 的活度影响）。因此，将各种电极的平衡电势作为纵坐标、溶液 pH 值作为横坐标，绘制电势 – pH 图，可以明显看出 pH 值变化对电势的影响，从而判断电化学反应发生的可能性与方向。电势 – pH 图这一概念最早由比利时科学家布拜（Pourbaix）及其同事于 20 世纪 30 年代提出，用于研究金属腐蚀方面的问题。下面以图 2-16 所示的水的电势 – pH 图为例进行说明。

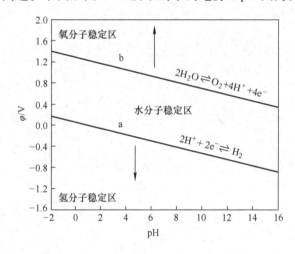

图 2-16 水在 25℃下的电势 – pH 图（氧气、氢气分压均为 1atm）

图 2-16 中，a 线代表 $2H^+ + 2e^- \rightleftharpoons H_2$（反应 1）的平衡条件，因此，a 线上的每一点都代表某一 pH 值下该反应的平衡电势。a 线下方的反应 1 处于非平衡状态，其中任意一点对应的电势都比反应 1 的平衡电势更负，即体系中存在负电荷积累，因而促使反应向负电荷消耗的方向（即氢离子的还原反应方向）加速进行（$2H^+ + 2e^- \rightarrow H_2$）以达到平衡状态。因而在 a 线下方，水倾向于还原分解，析出氢气，导致溶液酸度降低。

与之类似，b 线代表 $2H_2O \rightleftharpoons O_2 + 4H^+ + 4e^-$（反应 2）的平衡条件，因此，b 线上的每一点都代表某一 pH 值下该反应的平衡电势。b 线上方的反应 2 处于非平衡状态，其中任意一点对应的电势都比反应 2 的平衡电势更正，因而促使反应向产生负电荷的方向（即水的氧化反应方向）加速进行（$2H_2O \rightarrow$

$O_2 + 4H^+ + 4e^-$）以达到平衡状态。因而在 b 线上方，水倾向于氧化分解，析出氧气并释放氢离子，导致溶液酸度升高。

由此可见，在给定条件下（即，25℃、氧气与氢气分压均为 1atm），a 线与 b 线之间的区域是水在此条件下可以热力学稳定存在的范围，而 a 线之下与 b 线之上的区域分别对应水发生还原反应产生氢气或发生氧化分解产生氧气。

电势 – pH 图在研究金属腐蚀方面有着较大意义。以 Fe – H_2O 体系的电势 – pH 图为例，通过图中不同区域，可以判断 Fe 在对应条件下的热力学稳定性以及腐蚀反应的方向。

第 3 章

电极/溶液界面反应

电极/溶液界面是电化学系统中的核心部分，涉及电子、离子和分子的相互作用和反应。在电极/溶液界面，物质传递、电子转移、吸附与反应这三个过程相互耦合，构成了一个复杂的动态系统。其中，吸附与反应过程是电极/溶液界面上最为重要的现象之一。

研究电极/溶液界面的意义主要体现在以下几个方面：

1）理解和控制电化学过程。电极/溶液界面是电化学反应发生的场所，因此，研究电极/溶液界面对于理解和控制电化学过程至关重要。通过研究电极/溶液界面的结构和性质，可以了解电极反应的机理，并找到影响电极反应速率和方向的因素。这对于提高电化学反应的效率和选择性具有重要意义。

2）开发新型电化学材料和器件。电极/溶液界面的性质决定了电化学材料和器件的性能。因此，研究电极/溶液界面可以为开发新型电化学材料和器件提供理论指导。例如，通过研究电极/溶液界面处的吸附行为，可以设计出具有更高催化活性的电极材料；通过研究电极/溶液界面处的双电层结构，可以设计出更高效的电池和燃料电池。

3）探索新的物理化学现象。电极/溶液界面是一个复杂的体系，其中存在着许多尚未被认识的物理化学现象。研究电极/溶液界面可以帮助人们探索新的物理化学现象，拓展人们对物质世界的认识。例如，近年来科学家们在电极/溶液界面上发现了许多新的物理化学现象，如电荷转移反应、界面催化反应等，这些现象对于发展新的能源技术和材料科学具有重要意义。

3.1 界面双电层性质

当电极与特定液体紧密接触时，位于二者边界处的区域便会产生一种特性，与电极本体以及该液体本身都不尽相同。因此，常将这个区域称为"界面区"。在此区域范围内，电极与液体之间会发生各种不同类型的化学反应，然而，这其中涉及其运行效率的因素主要集中于界面的特性是否良好。这种影响体现在多个层面，比如，电极的催化效能——这其中包括了电极材质本身的特性以及其表面状态所呈现出的特性；再比如，界面区内的电场引发的各类特殊效应也会相应地影响到电极反应的速率。

3.1.1 双电层简介

1. 双电层的形成

当两种物质相互接触且彼此之间存在物理化学性质差异时，其相界面之间的粒子受到的作用力与各自所在相内的粒子有所不同。由于这种协同的影响，在相界线上粒子会重新排列，并产生游离电荷（即电子及离子）或取向偶极子（如极性分子等）的排列变化。这样，一对具有相同数量大小、符号却相反的界面电荷层——双电层，便得以构建而成。双电层存在于任何两个相的交界区域，并且任意两相都有可能形成各种不同类型的双电层。同时，在这个环境下也存在一定程度的电势差。

在电极与液体的相互作用过程中，来自基础体相中的游离电荷或者偶极子，必须在新形成的界面上进行重新排列，从而形成双电层并在特定的界面区域产生电势差。基于两相交界区域的双电层在大致结构上展现出的特性，可以将它们划分为三大类别：离子双层、偶极双层以及吸附双层。

1）受电化学势的影响，带电粒子会在两相之间发生移动，或者通过外部电源为界面两侧充入电荷，进而在两相中分别产生数量相同、符号相反的电荷，分布在界面两侧，从而形成离子双层。这种类型的双电层，其特征在于，每个相中都存在一层符号相反的电荷。例如，假设金属表面带正电荷，那么在它周围的溶液中就会有负离子出现以构成离子双层（见图3-1）。

2）在任意一种金属与其所处溶液的界面区域，都必然产生一个独特的偶极双层现象。这种界面现象源于金属表面的自由电子具备向表面外部扩展的趋势（这也可以导致其动能的下降），然而，金属内部金属离子对这些自由电子的吸引力则会使它们的势能上升。因此，这些电子无法逃离金属表面太远（0.1~0.2nm）。因此，在金属表面附近，会自然而然地形成一个以金属为阳

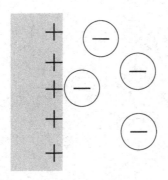

图 3-1 离子双层

性端、溶液为阴性端的偶极双层结构。对于溶液表面的极性溶质分子（如常见的水分子），由于表面的取向效应，它们会整齐有序地排列在界面上并生成同样的偶极双层结构（见图 3-2）。

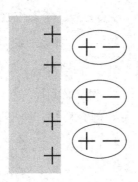

图 3-2 金属表面的偶极双层及偶极水分子取向层

3）在研究介质中的离子行为时，人们常常会发现，某种离子会吸附到电极的表面之上，从而形成了一层电荷。这种电荷通过库仑力来吸引同样数量的带有相反电荷的离子，从而构成了药物作用机制中的"吸附双层"结构，如图 3-3 所示，当金属表面吸附了负离子之后，这些负离子又可以利用静电引力去吸引等量的正离子，从而构建起吸附双层。界面上形成的第一层电荷，其来源于除库仑力之外的其他化学和物理作用，第二层电荷是由第一层库仑力引起的。

在金属与溶液的界面处存在的电势差，主要来自于以上提及的三类双电层的电势差贡献（总体影响），然而对电极反应速度具有显著影响力的，则是离子双层电势差这一重要因素。

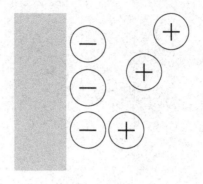

图 3-3 吸附双层

2. 离子双层的形成条件

无论是在无外加电源调控的自然环境下自主形成，还是在外源电压强迫作用下重新构建，活性电解质双层的存在都不可避免。在这些环境下形成的双电层结构并无实质性差异，性质相同，功能相似。

若将研究对象聚焦在金属电极上，那么可将其视为主要由金属离子和自由电子所组成。然而，我们应当清楚认识到，通常情况下，金属相中的离子电化学电势与溶液相中同类离子的电势并不等同。由此，当金属与液体充分接触时，金属离子将会在两种不同介质之间进行持续运动，以达到平衡点。换句话说，只有当它们的电化学势相等时，才能实现离子交换的平衡。

举例来说，在某个恒定温度下，Zn^{2+}处于金属锌中的离子电化学电势要高于其在某一特定浓度的$ZnSO_4$溶液中的相应值。因此，在二者相遇之际，锌块上的Zn^{2+}会主动迁移至溶液中，引发锌的逐渐分解。同时，剩下的电子则停留于金属表面并形成剩余电荷，这使得金属表面对应带有负电荷，而溶液中的Zn^{2+}则在形成剩余电荷后表现得带正电。剩余电荷将受到库伦力的影响从而均匀分布在界面两侧，进而导致两种介质交界处形成电势差。一方面，这个电势差对Zn^{2+}的进一步进入溶液是一个阻力；另一方面，却有助于溶液中的Zn^{2+}更容易地扩散进入金属晶格当中。随着金属面Zn^{2+}解离量的增加，水势差也相应增强，Zn^{2+}的侵蚀速度也会逐渐减缓，而Zn^{2+}从溶液回到金属晶格的速度反而会逐渐加快。最终，当两大过程速度趋于相同时，也就是离子电化学势在两种介质之间达到平衡之时。这时，我们便能看到在两相界面区域形成了锌带负电荷、溶液带正电荷的双电层结构。这便是我们所谓的自主形成的离子双层。需要注意的是，对于自主形成的离子双层，其形成过程是极其"迅猛"的，往往能够在 10^{-6} s 这样短短一瞬间就完成。

再来看另一个例子，假如金属面上拥有更高浓度的正离子（如 Cu^{2+}），并且该正离子的电化学势又明显低于其所在的溶液，那么，溶液中的 Cu^{2+} 就有可能自动沉积在金属面上，令金属表面对应带上正电荷。同时，结合溶液中过量的 SO_4^{2-} 被金属表面正电荷所吸引的事实，就可以看到金属面带上正电荷、溶液带负电荷的双电层结构已经悄然形成。

在某些特定情况下，金属与液体遇到后，无法自主形成离子双层。例如，若将纯净的汞（Hg）放入 KCl 溶液中，由于汞处于高度稳定状态，不容易被氧化，另外 K^+ 也难以还原，所以，汞往往难以自主形成离子双层。但是，依然可以借助外加电源的干预去诱发离子双层的产生。

具体来讲，假设我们把汞电极与外加电源的负极端相连，此时外加电源将为该电极注入电子，只要其电极电势还未达到 K^+ 的还原电势，电极上就不会出现电化学反应。在此情况下，电子只会闲置在汞表面上，使汞带上负电荷。这部分负电荷将吸引溶液中的同剂量的正电荷（如 K^+），进而在汞表面制造出负电荷、溶液带正电荷的双电层现象。反之，假如我们让汞直接连接至外加电源的正极端上，外加电源则会从电极抽取电子。在没有氧化反应进一步补充电子的前提下，原本呈电中性的汞表面上将会暴露出剩余正电荷。该剩余正电荷会吸引溶液中的负离子（如 Cl^-），使溶液一侧感应带有负电，从而形成了汞表面带正电、溶液带负电的双电层结构。这种通过外加电源强制催生的双电层，其形成过程如同给电容充电一样，意义深远。

通常来说，形成离子双层的过程中，电极表面仅有少量剩余电荷存在，也就是说，剩余电荷的表面覆盖率相当小。虽然双电层内部残留的电荷相对较少，由此带来的电势差也并不大，但是这股微小的能量却能够对电极反应造成不可忽视的影响。

假设离子双层的电势差 $\Delta\varphi$ 为 1V。为了更好地研究其性质，我们可以将双电层视为平板电容器进行分析，假如界面区两边电荷之间的距离约为原子直径数量级的 10^{-10} m，那么双电层之间所产生的电场强度便达到了惊人的 10^{10} V/m。正因为如此强大的电场，许多原本在其他条件下无法实现的化学反应都能够顺利进行（比如，通过电解熔融的 NaCl，生成所需的 Na 与 Cl_2）；同时，电极反应的速率也会发生极为显著的改变（比如，界面区电势差若仅仅改变了 $0.1 \sim 0.2V$，电极反应的速度就可能会增加到原来的大约 10 倍）。因此，可以毫不夸张地说，电极反应的速率与双电层的电势差具有极其紧密的联系，这正是区别于传统异相催化反应的关键特性所在。

然而，当电场强度达到甚至超越了 $10^6V/m$ 这个极限值后，几乎所有的绝缘体（电介质）都会遭受严重的破坏，甚至导致火花放电现象的出现。由于我们目前还没有找到任何材质能够承受这样巨大的电场强度，因此很难实际达到此种程度的电场强度。然而，在电化学中的离子双层中，由于两层电荷之间的距离已经缩小至 nm 级别，仅有 $1 \sim 2$ 个水分子层的厚度，其他离子及分子基本上都分布在双电层外围，而并非在其内部夹层，因此，并不会引发类似于电解质破坏的问题。

3. 理想极化电极与理想不极化电极

当向电极施加电压并形成电流时，电流会同时参与两个不同的过程。其中一种是由电子转移引发的氧化或者还原反应，这类反应遵循法拉第定律，因此也被称为法拉第过程。而另一种，电极和溶液之间的界面上电性双层电荷容量发生变化的现象，则属于非法拉第过程。尽管在对电极反应进行深入研究时，我们往往更加关注的是法拉第过程（如果要针对电极和溶液之间界面的本质属性进行探讨的话，另作别论），但是，当需要运用电化学试验数据来获取关于电荷转移以及相关反应的翔实信息时，就必须对非法拉第过程产生的影响给予充分重视。

一般情况下，我们可以将电极的等效电路图简化表示成反应电阻和双层电容的并联关系（见图3-4）。从实质上讲，电极上的电流传导途径分为两大部分：一部分流经电极为双电层充电（这部分的电容值为 C_d），另一部分则负责驱动电化学反应，以便让电流得以在整个电路内部畅通无阻（相应的电阻值为 R_r）。因此，从某种程度上来说，整个电极与溶液的界面架构，实际上可视为一个具有缺陷的电容器模型。

在特定的电极电势区间之内，借助外部电源可灵活地调整双电层电荷的分布情况（从而调整界面区域的电压差），且在此过程中不会引发任何电化学

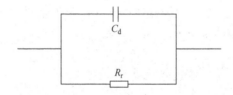

图 3-4 电极的等效电路图

反应的电极被定义为理想极化电极。此类电极的性质与常见的平板电容器相似，因此对于深入探讨双电层结构具有至关重要的价值。

例如，在 $-1.6 \sim 0.1V$ 的电压区间（相较于标准氢电极），汞电极与具有除氧效果的 KCl 溶液的界面可近似地视为理想极化电极。就 KCl 溶液中的汞电极而言，由于电极电位处于水的氧化还原平衡区，因此，既不会引发溶液中 K^+ 的还原以及金属汞的氧化，也不会导致氢离子或水的还原、H^+ 或 H_2O 的还原及 OH^- 或 H_2O 的氧化。然而，若电极表面累积过量的负电荷，使得其超过钾离子还原反应的电极电势；或者，引入过多的正电荷，跨越了汞的氧化电极电势，同样也有可能触及到 H^+（或 H_2O）及 OH^-（或 H_2O），能够以显著速率进行还原和氧化的电势，此时电极将失去理想极化电极的特性。因此，任何一个理想极化电极都只能在特定的电压范围内正常运行。

显然，理想极化电极的电化学反应阻力很大，$R \to \infty$，电极反应速率 $\to 0$，所以，全部电流都用来为双电层充电，可以控制电极电势在一定范围内任意改变。

相反地，若离子电化学反应阻力极低，$R \to 0$，则电流将全部穿越界面，双电层电势差得以维持不变，即为理想不极化电极。理想不极化电极的电化学反应速率极高，外线路传输的电子一旦到达电极便立即发生反应，因此电极表面双层结构并无任何改变，从而电极电势不会产生变化。然而，绝对的不极化电极实际上并不存在，仅在电极上通过电流较小时，方可近似地将某些电极视为不极化电极，例如甘汞电极（$Hg \mid Hg_2Cl_2 \mid Cl^-$ 电极）。

3.1.2 双电层结构的研究方法

研究界面结构的核心策略是通过实验测定某些可观的界面参数（如界面张力、界面剩余电荷密度、各种粒子的界面吸附量，以及界面电容等），继而依据特定的界面结构模型推测这些参数。若是实验结果与理论数值能够密切吻合，便可认为所设定的界面结构模型在相当程度上反映了界面的实际结构。鉴于大部分界面参数均与界面上的电势分布相关，因此，在实验测定过程中必须关注这些参数在电极电势中的变动。

1. 电毛细曲线

电极与溶液界面之间存在着界面张力，它具有缩减两相界面面积的强烈倾向。这种倾向越大，界面张力越强。对于电极体系而言，界面张力不仅取决于界面层物质的构成，而且与电极电势紧密相关。实验结果显示，电极电势的变动也可导致界面张力大小发生改变，我们将这种现象称为电毛细现象。界面张力与电极电势的关系曲线被称为电毛细曲线。

电极电势的变化与电极表面剩余电荷数量的变化相对应。当电极表面出现剩余电荷时，无论其为正电荷或负电荷，同性电荷的排斥效应均表现出使界面面积扩大的趋势，从而导致界面张力降低。表面剩余电荷密度（即单位电极表面上的剩余电荷量）越高，界面张力越低。显然，当界面上剩余电荷密度为零时，界面张力达到最大值。因此，我们可以借助电毛细曲线来研究电极表面的带电状态，进而深入探讨双电层的构造。

在无电极反应发生的情况下，对电极与溶液界面进行热力学分析，可使问题获得显著的简化。也就是说，以理想极化电极作为探讨电极与溶液界面问题的研究对象，是更为便捷的选择。而且，理想极化电极的电极电势能在特定电势范围内连续变动，显然更加便于测量电毛细曲线。

液态金属电极的界面张力，可采用图 3-5 所示的装置（也被称为毛细管静电计）进行直接观测。例如，将盛有汞的毛细管浸入 Na_2SO_4 溶液中，毛细管尖端附近将形成一弯月状液面。该弯月状液面的位置与界面张力密切相关。为维持弯月状液面在某一特定位置，在界面张力发生变化之际，需利用汞柱高度进行调整。界面张力与汞柱高度呈正比例关系，依据汞柱高度及毛细管直径便可计算出界面张力。例如，图 3-6 所示曲线 I 即为实验测定的电毛细曲线，即电极电势 φ 与界面张力 γ 之间的关系曲线，其图形近似于抛物线。此类测量通常均在溶液成分保持恒定的条件下进行。

采用热力学方法解析理想极化界面，在温度和压力恒定不变的条件下，电极电势 φ、界面张力 γ 及电极剩余电荷密度 σ（电极上单位表面积所带的电

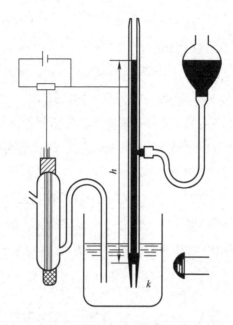

图 3-5 毛细管静电计的示意图

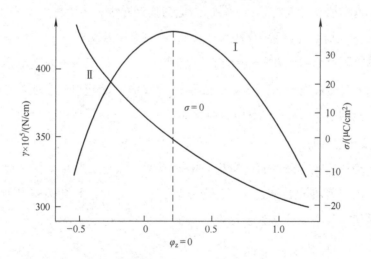

图 3-6 汞电极的电毛细曲线（Ⅰ）和表面剩余电荷密度变化曲线（Ⅱ）

量）三者之间关系的李普曼（Lippmann）公式为

$$\left(\frac{\partial \gamma}{\partial \varphi}\right)_{\mu} = -\sigma \tag{3-1}$$

式中，括号外标出的化学势 μ 表示溶液组分保持恒定。这是因为在溶液浓度增大时，同一 φ 值下的 γ 值会有所下降，电毛细曲线的位置会发生相应的变化。这里，σ 的单位为 C/m^2，φ 的单位为 V，γ 的单位为 N/m。该式显示，从电毛线曲线的斜率可以计算 σ。

由式（3-1）可看出，如果电极表面剩余电荷为正，即 $\sigma > 0$，则 $d\gamma/d\varphi < 0$，随着电势向负的方向移动（即 $d\varphi < 0$），界面张力将增大（$d\gamma > 0$），这对应于图 3-6 中曲线 I 的左半部分；如果电极表面剩余电荷为负，即 $\sigma < 0$，则 $d\gamma/d\varphi > 0$，随着电势向负的方向移动（即 $d\varphi < 0$），界面张力也减小（$d\gamma < 0$），与图 3-6 中曲线 I 的右半部分相对应。

电极表面的剩余电荷增加（无论正负），都将使界面张力降低，那么只有在电极表面剩余电荷为零时，界面张力才最大。因此，图 3-6 中曲线 I 的极大点表达出电极表面剩余电荷为零（$\sigma = 0$）的状态，称为零电荷点。这时，$d\gamma/d\varphi = 0$。与最大值相应的电极电势，称为零电荷电势（Point of Zero Charge，PZC），以 φ_z 表示。

由图 3-6 可知，从曲线 I 左侧开始，电极表面剩余电荷是正的。随着电势向负的方向移动，电极表面所带的正电荷逐渐减少，界面张力则不断增大。待到电势为 φ_z 时，界面张力最大，电极表面剩余电荷为零。若电势跃过此点继续负移，则电极表面将转变为荷负电，而且其负电荷会不断地增多。也就是说，φ_z 将整个曲线分为两半，左侧曲线（$\varphi > \varphi_z$）对应电极表面带正电的情况，而右侧曲线（$\varphi < \varphi_z$）对应电极表面带负电的情况。

2. 微分电容曲线

对于理想极化电极而言，电极与溶液界面区域内的剩余电荷可以自由调整，因此界面区域的电位差亦可任意变动，也就是说，此结构相当于一种电荷存储系统，具备电容特性。因此，我们可以将双电层视为一个电容器进行处理。

若将双电层模拟为一个平板电容器，则电极与溶液界面之间的两层剩余电荷相当于电容器的两个极板。根据物理学原理，其电容值为

$$C = \frac{\sigma}{\Delta\varphi} = \frac{\varepsilon_0 \varepsilon_r}{l} \tag{3-2}$$

式中，ε_0 为真空介电常数；ε_r 为介质的相对介电常数；l 为电容器两个极板之间的距离。

然而，双电层与常规平板电容器存在差异，其电容值并非恒定不变，而是常因电势的改变而产生变化。由于电容是电势的函数，因此，在为双电层电容定义时，只能采用导数的形式进行描述，将其称为微分电容。常用 C_d 表示，即

$$C_d = \left(\frac{\partial \sigma}{\partial \varphi} \right)_{\mu, T, p} \tag{3-3}$$

其中，温度、压力以及溶液中各类化学成分的化学势都需保持恒定。在电化学领域中，常以电荷密度（单位为 C/m^3）作为电量的衡量标准，因此电容单位被确认为 F/m^2。显然，双电层界面电容体现了界面在特定电压扰动下相应的电荷存储能力。

在电化学领域中，存在诸多测量双层微分电容的方式。例如，对于电极，我们常使用交流电桥法进行双电层微分电容的测量。我们选择理想极化电极（如在 KCl 溶液中的汞电极）作为待测电极，并选取辅助电极面积较待测电极大数千倍的器件，这样，当电桥达到平衡时，所测得的交流阻抗仅由待测电极决定。实验过程中，必须采取严谨的措施，以避免表面活性物质吸附于电极，干扰测量结果。

对表电极在不同浓度 KCl 溶液中的微分电容曲线进行测量，可以发现微分电容会随着电极电势和溶液浓度的变化而发生改变。在相同的电势下，随着溶液浓度的增加，微分电容值也随之增大。若将双电层视为平板电容器，那么电容的增大意味着双电层有效厚度的减小，即两个剩余电荷层之间的有效距离的缩小。

在稀溶液中，微分电容曲线将出现最小值（见图 3-7 中的曲线 1~3）。溶液越稀，最小值越明显。随着浓度增加，最小值逐渐消失（见图 3-7 中的曲线 4）。实验表明，出现微分电容最小值的电势就是同一电极体系的电毛细曲线最高点所对应的电势，即零电荷电势。这样零电荷电势就把微分电容曲线分成了两部分，左半部分（即 $\varphi > \varphi_z$）的电极表面剩余电荷密度 σ 为正值，右半部分（$\varphi < \varphi_z$）的电极表面剩余电荷密度 σ 为负值。

在 φ_z 附近的电势范围内，C_d 随 φ 的变化比较明显，而剩余电荷密度增大时，C_d 也趋于稳定值，进而出现 C_d 不随电势变化的"平台"区。在图 3-7 中

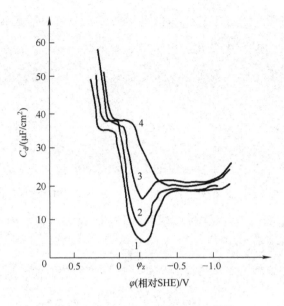

图 3-7　KCl 溶液中的微分电容曲线

曲线 1 的左半部分，平台区对应的 C_d 值为 $32 \sim 40\mu F/cm^2$；右半部分平台区对应的 C_d 值为 $16 \sim 20\mu F/cm^2$。这表明，溶液一侧由阴离子组成的双电层有效厚度比由阳离子组成的双电层有效厚度要小。

当 φ 远离 φ_z 时，C_d 又开始大幅上升。溶液浓度很高时，φ_z 附近会出现"驼峰"现象。这些现象都与电极表面的水化层性质变化有关，如水偶极子取向变化、介电常数变化、水分子相互作用变化等。

确定 φ_z 后，对式（3-3）积分，可求出在某一电极电势 φ 下的电极表面剩余电荷密度：

$$\sigma = \int_0^\sigma d\sigma = \int_{\varphi_z}^\varphi C_d d\varphi \qquad (3-4)$$

当 $\varphi > \varphi_z$ 时，由式（3-4）可看出 $\sigma > 0$，表示电极表面带正电；当 $\varphi < \varphi_z$ 时，可得出 $\sigma < 0$，表示电极表面带负电。如果溶液浓度较大，微分电容曲线上的最小值消失，则要根据电毛细曲线等其他方法测出 φ_z，再代入式（3-4）中求得 σ。

以 $(\varphi - \varphi_z)$ 去除式（3-4）中求出的 σ，可得出从零电荷电势 φ_z 到某一电势 φ 的平均电容值，称之为积分电容 C_i：

$$C_i = \frac{\sigma}{\varphi - \varphi_z} \tag{3-5}$$

若将式（3-5）代入式（3-4），则

$$C_i = \frac{1}{\varphi - \varphi_z} \int_{\varphi_z}^{\varphi} C_d d\varphi \tag{3-6}$$

式（3-6）表示微分电容与积分电容的内在联系。尽管两者均能反映双电层结构的一些信息，但微分电容能从实验中直接测量，更易于直观处理。

将式（3-1）代入式（3-3）中，可得出 C_d 与 γ 的关系如下：

$$C_d = -\left(\frac{\partial^2 \gamma}{\partial \varphi^2}\right)_\mu \tag{3-7}$$

通过电毛细曲线和微分电容曲线均可求出电极表面剩余电荷密度，但前者是对电势的微分 $\left(\frac{\partial \gamma}{\partial \varphi}\right)_\mu = -\sigma$，而后者是对电势的积分 $\sigma = \int_0^\sigma d\sigma = \int_{\varphi_z}^{\varphi} C_d d\varphi$。对于反映 σ 值的变化量来说，显然使用微分电容曲线求解能得出更精确的结果。另外，电毛细曲线的直接测量仅适用于液态金属电极（如汞等），而微分电容的测量则不受此类限制。因此，在双电层性质的研究工作中，相较于界面张力，微分电容具有更为关键的意义。

3. 零电荷电势

电毛细曲线的最大点和微分电容曲线的最小点都对应于电极表面剩余电荷为零的状态，相应的电势就是零电荷电势。零电荷电势是相对于参比电极而测量的，例如，相对于标准电极可测出氢标零电荷电势。

测定零电荷电势的方法多样。经典的方法，如通过电毛细曲线，测量液态金属与溶液之间的界面张力，求出与电毛细曲线中的最大值对应的 φ_z。这种方法主要用于液态金属。对于固体金属，虽然无法直接测量界面张力，但是可以通过测量在不同电极电势下的湿润接触角、摆杆硬度等与界面张力相关的参数，并基于其最大值进而确定 φ_z。目前，最为精确的方法是根据稀溶液的微分电容曲线的最小值进行确定 φ_z。溶液浓度越低，微分电容的最小值越显著。此外，还可以根据比表面积较大的金属电极在不同电势下形成双电层时离子吸附量的变化进行计算 φ_z。当然，利用金属中电子的光敏发射现象也能进行测定 φ_z。表3-1列出了一些金属室温下推荐使用的 φ_z 值。

表 3-1　金属室温下的零电荷电势

电极材料	溶液组成	φ_z/V
不吸附氢的金属（类汞金属）		
Hg	0.01mol/L　NaF	−0.19
Ga	0.008mol/L　$HClO_4$	−0.60
Pb	0.01～0.001mol/L　NaF	−0.56
Ti	0.001mol/L　NaF	−0.71
Cd	0.001mol/L　NaF	−0.75
Cu	0.01～0.001mol/L　NaF	0.09
Sb	0.002mol/L　NaF	−0.14
Sb	0.002mol/L　$KClO_4$	−0.15
Sn	0.001 mol/L　K_2SO_4	−0.38
In	0.01mol/L　NaF	−0.65
Bi（多晶）	0.0005mol/L　H_2SO_4	−0.40
Bi（多晶）	0.002mol/L　KF	−0.39
Bi（111 面）	0.01mol/L　KF	−0.42
Ag（多面）	0.0005mol/L　Na_2SO_4	−0.70
Ag（111 面）	0.001mol/L　KF	−0.46
Ag（100 面）	0.005mol/L　NaF	−0.61
Ag（110 面）	0.005mol/L　NaF	−0.77
Au（多晶）	0.005mol/L　NaF	0.25
Au（111 面）	0.005mol/L　NaF	0.50
Au（100 面）	0.005mol/L　NaF	0.38
Au（110 面）	0.005mol/L　NaF	0.19
铂系金属		
Pt	0.3mol/L HF + 0.12mol/L　KF（pH = 2.4）	0.185
Pt	0.5mol/L Na_2SO_4 + 0.0005mol/L　H_2SO_4	0.16
Pd	0.05mol/L Na_2SO_4 + 0.001mol/L　H_2SO_4	0.10

　　若金属电极的电势 φ_z 比其平衡电位高出许多，那么在外加电源使电极从

平衡电势向正方向极化时，由于存在金属溶解反应，很难将其极化至 φ_z。也就是说，这种金属的 φ_z 难以精确地进行测量。例如，曾经有人估计过锌的 φ_z 在 $-0.6V$ 左右，比锌电极的平衡电势高出许多。另外，一些能够吸附氢的金属（如铂系元素）在电极极化过程中，由于吸附的氢原子被氧化而消耗电量，使得电极失去理想极化电极的特性。通常可以通过测量形成双电层时溶液组成或气相（如果是气体电极）组成的变化来求得 φ_z。这类金属的电势 φ_z 与 pH 有关。例如，曾测得 Pt 在 pH $=3$ 的酸性溶液中的电位 φ_z 约为 $0.18V$。

通过实验验证，φ_z 的数值受到诸多因素的影响。例如，在同等溶液环境下，不同材料的电极或者同种材料的不同晶体面所呈现的 φ_z 值皆有所不同；电极表面状态的差异也会导致测量结果 φ_z 值的变化；溶液的成分（包括溶剂特性、溶液中表面活性物质的含量、酸碱性等）以及温度、氢和氧的吸附等多重因素都对 φ_z 值产生深远的影响。

必须明确指出，剩余电荷的存在是形成相间电势的关键因素，然而并非唯一因素。因此，即便在电极表面剩余电荷为零的情况下，没有离子双电层的存在，任何一相表面层内带电粒子或者偶极子的非均匀分布依旧能够引发相间电势。例如，溶液中的偶极分子的定向排列、金属表面原子的极化等均有可能形成为偶极双层，进而形成一定程度的相间电势。所以，零电荷电势仅代表电极表面剩余电荷为零时的电极电势，并不代表电极/溶液相间电势或绝对电势的零点。

由于零电荷电势是一个可以测量的参数，因而在电化学中有重要的用途。有了 φ_z 这个参量，就可以了解到电极表面剩余电荷的符号和数量。金属的许多性质（如离子双层中由荷的分布状况、各种粒子在金属上的吸附、溶液对金属的润湿性、气泡在金属上的附着力荷及分展的力学性能、电动现象、金属溶液间的光辐射电流等）都与这个因素有关。在电化学动力学中，有时也需要考虑附近剩余电荷密度变化很大带来的影响。

3.1.3 双电层结构模型及发展

双电层结构模型是阐述带电表面与相邻溶液之间离子分布的理论框架。各类模型均涵盖不同的考量要素，因此，其适用范围有所不同。在 3.1.2 节的实验研究中，测得的有关电极与溶液界面之间的参数应为界面区双电层结构的部分体现。然而，仅凭这些测量数据，还无法明确离子在双电层中的具体分布情况。我们还需构建双电层中电荷分布的结构模型，然后再根据模型计算出相关的参数。若这些参数与实验测量的结果相符，便可证实所提模型的准确性。接下来，将探讨已提出的关于界面结构的几种模型。

1. Helmholtz 模型

由微分电容曲线（见图 3-7）可看出，在较小的电势范围内存在水平线段，此时电容与电势并无关联。此种情况下的双电层特性与平板电容器颇为相似。但是在相当宽的电势范围内电容随电势急剧变化，这相当于式（3-2）中的 l 值发生变化。电容变小就表明双电层中两层电荷的等效距离得到了显著的增加。由于金属电极是优良的导电物质，因此在平衡状态下，其内部不存在电场，即，所有金属相的过量电荷都严格局限于表面。早在 19 世纪末，亥姆霍兹（Helmholtz）曾提出双电层结构类似于平板电容器，即电极表面以及溶液中的两层剩余电荷均精确地排列在界面的两侧。这两层电荷之间的距离 d 可以被视为水化离子的半径。通常将溶液中停留在距离电极表面一个水化离子半径位置的那部分剩余电荷称为紧密层，也称为亥姆霍兹层（见图 3-8）。

图 3-8　Helmholtz 模型示意图

亥姆霍兹模型所描绘的结构等同于平板电容器，其存储电荷密度与两个极板之间的电压降 V 之间存在如下关系：

$$\sigma = \frac{\varepsilon_0 \varepsilon_r}{d} V \tag{3-8}$$

式中，ε_0 为真空介电常数；ε_r 为介质的相对介电常数；d 为两个极板之间的距离。故微分电容为

$$C_d = \frac{\sigma}{V} = \frac{\varepsilon_0 \varepsilon_r}{d} \tag{3-9}$$

式（3-9）表明，电容 C_d 是一个常数。采用此类模型，并假定溶液中的负离子相对于正离子更接近电极表面（即拥有较小的 d 值），则可解释微分电容曲线在零电荷电势两端各有一个平段的现象。然而，这种模型根本无法阐明为何在稀溶液中会产生极小值的现象。也没有触及微分电容曲线的精细结构。

Helmholtz 模型是最简易的双电层构造模型，其假设固定电荷层呈均匀平面状，扩散电荷层则为均匀离子层。此模型仅考量离子与表面之间的电荷交互作用，而忽略离子之间的相互作用。

2. Gouy – Chapman 模型

由于 Helmholtz 模型存在不足，1910～1913 年，古依（Gouy）与查普曼（Chapman）相继对其进行了改进，进而提出了一种名为"分散双电层"的模型（即古依‐查普曼模型或 Gouy – Chapman 模型）。该模型主张，溶液一侧参与双电层的离子为点电荷，这些离子不仅受到固体表面离子的静电力牵引，使得它们能够整齐有序地排列在表面附近，还需受到热运动的干扰，使其脱离表面，无规律地散布在介质中，也就是说，溶液中的电荷具有分散的结构（见图3-9）。古依‐查普曼模型则考虑到了离子之间的相互作用，认为扩散电荷层中的离子是均匀分布的。该模型以泊松（POISSON）‐玻尔兹曼（Boltzmann）方程为基础，可用于计算双电层的电位分布及离子浓度分布。

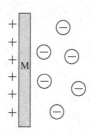

图 3-9　Gouy – Chapman 模型示意图

为对本模型进行量化分析，提出以下四项假设：

1）假设电极表面为一无限大的平面，其电荷分布均匀。

2）在分散层中，正负离子均可视为符合 Boltzmann 分布的点电荷。

3）介质通过介电常数对双电层产生影响，且其介电常数在各处保持一致。

4）假设分散双电层仅存在一种对称的电解质，即正负离子的电荷数均为 z。

该模型最为关键的贡献在于，为双电层模型提供了精确的定量描述。遵循这一理论模型，可以在稀溶液中，特别是在零电荷电势附近，解释电容极小的现象。然而，由于该模型完全省略了溶剂化离子的尺寸及其紧密层的存在，因此，在溶液浓度较高或者表面剩余电荷密度较大的情况下，根据分散层模型所计算出的电容值显著大于实验所观测到的数值。Gouy – Chapman 模型至少在两个方面与实际情况不符：首先，离子并不是理想化的点电荷，实际上它们具有一定的尺寸；其次，邻近表面的离子由于受到固体表面的静电作用以及范德瓦耳斯力的影响，其分布状态是被紧密地吸附在固体表面上，与溶液的体相有所不同。

3. Stern 模型

斯特恩（Stern）模型是双电层结构模型之一，由德国物理化学家斯特恩（Stern）于 1924 年创立，斯特恩采纳了 Helmholtz 模型和 Gouy – Chapman 模型的精华部分。此模型考量了离子之间的相互作用和离子与表面的交互效应，得以更精确地阐释双电层的结构。

斯特恩模型将固有电荷层视为一个均质的电荷层，将扩散电荷层视为不规则的离子层。该模型深入探讨了离子之间的交互作用及离子与表面的相互作用，能够更加精确地描绘双电层的结构（见图 3-10）。

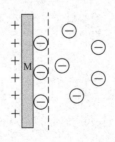

图 3-10　Stern 模型示意图

此模型对于散布层的阐述颇为深入、详尽，而对紧密层的叙述却相对简略，且采用了与 Gouy – Chapman 模型相同的数学手法处理散布层中的剩余电荷及电位分布，以及推导出相应的数学公式（双电层方程式）。因此，在现代电化学领域中，斯特恩模型也常被称为 Gouy – Chapman – Stern 模型或 GCS 散布层模型。

（1）双电层方程式的推导

现以 1 – 1 价型电解质溶液为例，说明推导双电层方程式的基本思路。

1）从粒子在界面电场中服从玻尔兹曼分布出发，假设离子与电极之间除了静电作用外没有其他相互作用；双电层的厚度比电极曲率半径小得多，因而可将电极视为平面电极处理，即认为双电层中电势只是 x 方向的一维函数。这样，按照玻尔兹曼分布律，在距离电极表面 x 处的液层中，离子的浓度分布为

$$c_+ = c \cdot \exp\left(-\frac{\psi F}{RT}\right) \tag{3-10}$$

$$c_- = c \cdot \exp\left(\frac{\psi F}{RT}\right) \tag{3-11}$$

式中，c_+、c_- 分别为正、负离子在电势为 φ 的液层中的浓度；ψ 为距离电极表面 x 处的电势；c 为远离电极表面（$\varphi = 0$）处的正、负离子浓度，即电解质溶液的体浓度。

因此，在距电极表面 x 处的液层中，剩余电荷的体电荷密度为

$$\rho = Fc_+ - Fc_-$$

$$\rho = cF\left[\exp\left(-\frac{\psi F}{RT}\right) - \exp\left(\frac{\psi F}{RT}\right)\right] \tag{3-12}$$

式中，ρ 为体电荷密度。

2）忽略离子的体积，假定溶液中离子电荷是连续分布的（实际上，由于其有粒子性，离子电荷是不连续分布的），可应用静电学中的泊松方程，把剩余电荷的分布与双电层溶液一侧的电位分布联系起来。

当电位为 x 的一维函数时，泊松方程具有如下形式：

$$\frac{\partial^2 \psi}{\partial x^2} = -\frac{\partial E}{\partial x} = -\frac{\rho}{\varepsilon_0 \varepsilon_r} \tag{3-13}$$

式中，E 为电场强度。

将式（3-12）代入式（3-13），得

$$\frac{\partial^2 \psi}{\partial x^2} = -\frac{cF}{\varepsilon_0 \varepsilon_r}\left[\exp\left(-\frac{\psi F}{RT}\right) - \exp\left(\frac{\psi F}{RT}\right)\right] \tag{3-14}$$

利用数学关系式 $\dfrac{\partial^2 \psi}{\partial x^2} = \dfrac{1}{2} \dfrac{\partial}{\partial \psi}\left(\dfrac{\partial \psi}{\partial x}\right)^2$，可将式（3-14）写成

$$\partial\left(\frac{\partial \psi}{\partial x}\right)^2 = -\frac{2cF}{\varepsilon_0 \varepsilon_r}\left[\exp\left(-\frac{\psi F}{RT}\right) - \exp\left(\frac{\psi F}{RT}\right)\right]\partial \psi \tag{3-15}$$

将上式从 $x = d$ 到 $x = \infty$ 积分，并根据 GCS 模型的物理图像可知，$x = d$ 时，$\psi = \psi_1$；$x = \infty$ 时，$\psi = 0$。$\dfrac{\partial \psi}{\partial x} = 0$ 积分结果如式（3-16）所示。

$$
\begin{aligned}
\left(\frac{\partial \psi}{\partial x}\right)^2_{x=d} &= \frac{2cF}{\varepsilon_0 \varepsilon_r}\left[\exp\left(-\frac{\psi_1 F}{RT}\right) + \exp\frac{\psi_1 F}{RT} - 2\right] \\
&= \frac{2cRT}{\varepsilon_0 \varepsilon_r}\left[\exp\left(\frac{\psi_1 F}{2RT}\right) - \exp\left(\frac{\psi_1 F}{RT}\right)\right]^2 \\
&= \frac{8cRT}{\varepsilon_0 \varepsilon_r}\sinh^2\frac{\psi_1 F}{2RT}
\end{aligned}
\tag{3-16}
$$

按照绝对电势符号的规定，当电极表面剩余电荷密度 q 为正值时，$\psi > 0$；而随着距离 x 的增加，ψ 值将逐渐减小，即 $\psi < 0$。因此，对 $\left(\dfrac{\partial \psi}{\partial x}\right)^2$ 开方后，取负值，可得

$$
\begin{aligned}
\left(\frac{\partial \psi}{\partial x}\right)_{x=d} &= -\sqrt{\frac{2cRT}{\varepsilon_0 \varepsilon_r}}\left[\exp\left(\frac{\psi_1 F}{2RT}\right) - \exp\left(-\frac{\psi_1 F}{2RT}\right)\right] \\
&= -\sqrt{\frac{8cRT}{\varepsilon_0 \varepsilon_r}}\sinh\frac{\psi_1 F}{2RT}
\end{aligned}
\tag{3-17}
$$

3）将双电层溶液一侧的电势分布与电极表面剩余电荷密度联系起来，以便更明确地描述分散层结构的特点。

应用静电学的高斯（Gauss）定律，电极表面电荷密度 q 与电极表面（$x = 0$）电位梯度的关系为

$$q = -\varepsilon_0 \varepsilon_r \left(\frac{\partial \psi}{\partial x}\right)_{x=0}$$

由于电荷离子具有一定体积，溶液中剩余电荷靠近电极表面的最小距离为 d。在 $x = d$ 处，$\psi = \psi_1$。由于从 $x = 0$ 到 $x = d$ 的区域内不存在剩余电荷，ψ 与 x 的关系是线性的，因此

$$\left(\frac{\partial \psi}{\partial x}\right)_{x=0} = \left(\frac{\partial \psi}{\partial x}\right)_{x=d}$$

故，
$$q = -\varepsilon_0 \varepsilon_r \left(\frac{\partial \psi}{\partial x} \right)_{x=d} \tag{3-18}$$

把式（3-17）代入式（3-18），可得

$$q = \sqrt{2cRT\varepsilon_0\varepsilon_r} \left[\exp\left(\frac{\psi_1 F}{2RT} \right) - \exp\left(-\frac{\psi_1 F}{2RT} \right) \right]$$

$$= \sqrt{8cRT\varepsilon_0\varepsilon_r} \sinh \frac{\psi_1 F}{2RT} \tag{3-19}$$

对于 $z-z$ 价型电解质，可写成

$$q = \sqrt{8cRT\varepsilon_0\varepsilon_r} \sinh \frac{z\psi_1 F}{2RT} \tag{3-20}$$

这就是 GCS 模型的双电层方程。它表明了分散层电势差的数值和电极表面电荷密度（q）、溶液浓度（c）之间的关系。通过 GCS 模型的双电层方程，可以讨论分散层的结构特征和影响双电层结构分散性的主要因素。

（2）对双电层方程的讨论

1）当电极表面电荷密度 q 和溶液浓度 c 都很小时，双电层中的静电作用能远小于离子热运动能，即 $|\psi_1|F < RT$。可按级数展开，略去高次项，得到

$$q = \sqrt{\frac{2c\varepsilon_0\varepsilon_r}{RT}} F\psi_1$$

$$\varphi_a = \psi_1 + \frac{1}{C_{\text{紧}}} \sqrt{\frac{2c\varepsilon_0\varepsilon_r}{RT}} F\psi_1 \tag{3-21}$$

在很稀的溶液中，c 小到足以使式（3-21）右边的第二项忽略不计时，可得出 $\varphi_a = \psi_1$。这表明，此时剩余电荷和相间电势分布的分散性很大，双电层几乎全部是分散层结构，并可认为分散层电容近似等于整个双电层的电容。若将分散层等效为平板电容器，则可得

$$C_{\text{分}} = \frac{q}{\psi_1} = \sqrt{\frac{2c\varepsilon_0\varepsilon_r}{RT}} F \tag{3-22}$$

与平板电容器公式 $C = \frac{\varepsilon_0\varepsilon_r}{l}$ 比较，可知

$$l = \frac{1}{F} \sqrt{\frac{RT\varepsilon_0\varepsilon_r}{2c}} \tag{3-23}$$

式中，l 为平板电容器的极间距离，因而在这里可以代表分散层的有效厚度，

也称为德拜长度。它表示分散层中剩余电荷分布的有效范围。由式（3-23）可看出，分散层有效厚度与 $\sqrt{c}$ 成反比，与 $\sqrt{T}$ 成正比。因此，溶液浓度增加或温度降低，将使分散层有效厚度 l 减小，从而分散层电容 C 增大。这就解释了为什么微分电容值随溶液浓度的增加而增大。

2）当电极表面电荷密度 q 和溶液浓度 c 都比较大时，双电层中静电作用能远大于离子热运动能，即 $|\psi_1|F > RT$。这时，式（3-21）中右边的第二项远大于第一项。可以认为 $|\varphi_a| > |\psi_1|$，即双电层中分散层所占比例很小，主要是紧密层结构，故 $\varphi_a \approx (\varphi_a - \psi_1)$。因此，可略去式（3-21）中右边的第一项和第二项中较小的指数项，得到

$$\varphi_a \approx \pm \frac{1}{C_{\text{紧}}}\sqrt{2cRT\varepsilon_0\varepsilon_r}\exp\left(\pm\frac{\psi_1 F}{2RT}\right) \tag{3-24}$$

式中，对正的 φ_a 值取正号，对负的 φ_a 值取负号。将式改写成对数形式，当 $\psi_1 > 0$ 时

$$\psi_1 \approx -A + \frac{2RT}{F}\ln\varphi_a - \frac{RT}{F}\ln c \tag{3-25}$$

当 $\psi_1 < 0$ 时

$$\psi_1 \approx -A - \frac{2RT}{F}\ln(-\varphi_a) + \frac{RT}{F}\ln c \tag{3-26}$$

式中，A 为常数，$A = \frac{2RT}{F}\ln\frac{1}{C_{\text{紧}}}\sqrt{2cRT\varepsilon_0\varepsilon_r}$。

由式（3-26）可知，当相间电势的绝对值增大时，$|\psi_1|$ 也会增大，但两者是对数关系，因而 $|\psi_1|$ 的增加比 $|\varphi_a|$ 的变化要缓慢得多。随着 $|\varphi_a|$ 的增大，分散层电势差在整个双电层电势差中所占的比例越来越小。当 φ_a 的绝对值增大到一定程度时，ψ_1 即可忽略不计。另外，溶液浓度的增加，也会使 $|\psi_1|$ 减小。25℃时，溶液浓度增大 10 倍，$|\psi_1|$ 减小约 59mV。这表明双电层结构的分散性随溶液浓度的增加而减小。

双电层结构分散性的降低实质上意味着其有效厚度的减小，从而导致界面电容值的上升。这便恰当地解释了微分电容随着电极电势绝对值及溶液总体浓度的升高而增加的现象。

以上讨论揭示，Stern 模型能够较为准确地反映界面结构的实际状况。然

而，在推导双电层方程时，该模型做了一系列假设，如假设介质的介电常数不会受电场强度影响，将离子电荷视为点电荷，并预设电荷呈连续分布等。因此，Stern 双电层方程对于界面结构的描述只能是一种近似、统计平均的结果，而无法用于精确计算。例如，按照该模型可以计算 ψ_1 电势的数值，然而，应将此数值视为一种宏观统计平均值。由于每个离子周围均存在由离子电荷产生的微观电场，因此，即使在与电极表面等距的平面上，也并非等电位的状态。

Stern 模型的另一个显著不足在于其对紧密层的描述过于简略。该模型仅将紧密层简单地描绘为厚度恒定的离子电荷层，未考虑到紧密层构成的具体细节及其所引发的紧密层结构与性质上的特点。

3.2 电极/溶液界面吸附现象

在"物理化学"学科的知识体系中，我们已经了解到，某些物质，无论是分子、原子还是离子，在界面区域富集或是贫乏的现象被称为吸附。依据吸附作用力的性质，可将其细分为物理吸附与化学吸附两大类别。虽然电极/溶液界面也同样出现吸附现象，且在界面上存在着连续变化的电场，使得电极/溶液界面的吸附现象相较于一般界面吸附具有更为复杂的特点，但在遵循一般规则的同时，也具备独特的规律性。

一方面，当电极表面携带剩余电荷时，由于静电作用，会使指向相反电荷的离子聚集至界面区，此类吸附被称为静电吸附。另一方面，溶液中的各种粒子也可能因非静电作用力的缘故而引发吸附，被称为特性吸附。在此章节，我们仅关注特性吸附现象。

每一种能够在电极/溶液界面发生吸附并且导致界面张力下降的物质，我们都称之为表面活性物质。这些表面活性物质可能来自溶液中的离子（如除 F 离子以外的卤素离子）、原子（如氢原子、氧原子）以及分子（如多元醇、硫脲、苯胺及其衍生物等有机分子）。

在溶液环境中，电极表面是"水化"的，即吸附了一层水分子。因此，溶液中的表面活性粒子只有脱去部分水化膜，挤掉原先吸附在电极表面的水分子，才有可能与电极表面发生短程相互作用并聚集在界面。此类短程作用包括镜像力、色散力等物理作用以及类似于化学键的化学作用。表面活性粒子脱水化与取代水分子的过程将会增加体系的自由能，而短程相互作用则会降低体系的自由能。当后者超过前者，使得体系的总自由能下降时，吸附作用便得以实现。由此可见，表面活性物质在界面的特性吸附行为取决于电极与表面活性粒子之间、电极与溶剂分子之间、表面活性粒子与溶剂分子之间的相互作用。因此，不同的物质发生特性吸附的能力各异，同一物质在不同的电极体系中的吸附行为亦有所差异。

电极/溶液界面的吸附现象对电极过程动力学产生重大影响。表面活性粒子在未参与电极反应的情况下，其吸附会改变电极表面的状态以及双电层中电势的分布，进而影响反应粒子在电极表面的浓度和电极反应的活化能，从而导致电极反应速度产生波动。若表面活性粒子是参与反应的粒子或者是反应产物（包括中间产物），便会直接影响到相关步骤的动力学规律。因此，实际操作过程中，人们常常借由控制界面吸附现象以调控电化学过程。例如，在电镀溶液中添加适量表面活性物质作为添加剂以获取光亮细致的镀层；在介质中引入少量表面活性物质作为阻蚀剂以减缓金属的腐蚀等。因此，深度研究界面吸附现象，不仅仅对从理论层面深入理解电极过程动力学具有关键性意义，并且在实际应用中具有重要价值。

3.2.1　特性吸附

1947年，英国科学家格雷厄姆（Grahame）针对离子特性吸附的议题进行了深入探讨。他明确指出，在亥姆霍兹层中，某些离子不仅仅受到静电场力的作用，更是受到一种特性吸附力的影响，此种力并不属于静电场力，因此在GCS模型的基础上，他提出了将紧密层细分为内紧密层与外紧密层这一新颖的双电层理论。

当含水电解质溶液中的微粒受库仑力影响在电极表面进行吸附时，通常会跨越电极表面的水分子层附着于电极之上。然而，部分粒子能够穿透水分子层，通过化学作用直接吸附至电极表面，这种由库仑力之外的力量引发的离子吸附，被称为特性吸附或接触吸附。特性吸附离子与电极分子轨道之间存在相互作用，从而使其被吸附于电极表面上。特性吸附离子甚至有可能与电极之间发生部分电荷转移，使得它们之间的结合部分呈现出共价键特性。

离子特性吸附时，需要脱除自身的水化膜并挤掉原来吸附在电极表面上的水分子，将引起系统吉布斯自由能的增大。因此，只有那些离子与电极间的相互作用（包括镜像力、色散力和化学作用等）所引起的系统吉布斯自由能的降低，超过了上述吉布斯自由能的增加，离子的特性吸附才有可能发生。阳离子一般不发生特性吸附，但尺寸较大、价数较低的阳离子（如 Cs^+）也发生特性吸附。阴离子容易发生特性吸附。在无机离子中，除 F 外几乎所有的阴离子都或多或少会发生特性吸附。如在汞电极上，无机阴离子特性吸附顺序为 $I^- > Br^- > Cl^- > OH^-$。因为特性吸附靠的是库仑力以外的作用力，不管电极表面有无剩余电荷，特性吸附都有可能发生。表面剩余电荷为零（$\sigma = 0$）时，离子双层不存在，但吸附双层依然存在，仍然会存在一定的电势差。因此，有特性吸附（如 KI 溶液中汞电极吸附 I^-）时和无特性吸附（如 Na_2SO_4 溶液中的汞电极）时的零电荷电势并不一样。由图 3-11 所示的电毛细曲线可清楚地 Na_2SO_4 看出，两条曲线的零电荷电势的差值就是 I^- 吸附双层的电势差。当电极表面负的剩余电荷过多，对 I^- 的排斥作用足够大时，I^- 特性吸附消失，汞在 KI 与 Na_2SO_4 溶液中的两条电毛细曲线重合。

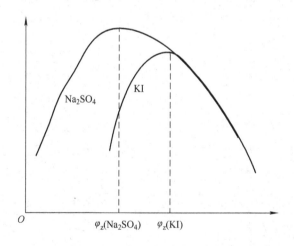

图 3-11　Hg 在 Na_2SO_4 和 KI 溶液中的电毛细曲线

3.2.2　有机物吸附

在电化学领域中，添加剂常被用于控制电极过程，如用于防腐工业的各类缓蚀剂，以及电镀工业中的各式光亮剂、润湿剂、整平剂等。这些添加剂对电极过程的影响主要源于它们在电极表面的吸附。

所谓吸附，是指某种物质的分子、原子、离子在固液或液液界面附近集中的现象。引发这些物质在界面富集的驱动力，可能是分子间力产生的物理吸附；或者是化学力产生的化学吸附。此外，带电电极吸引溶液中带相反电荷符号的离子，使该离子在电极界面富集，这便称为静电吸附。吸附对电极与溶液界面性质的作用极为显著，可改变电极表面状态及双层中电势的分布，从而影响反应粒子的表面浓度及界面反应的活化能。

凡是具备较强降低界面张力能力，因此易于吸附至电极表面的物质，都被归类为表面活性物质。这些物质的分子、原子、离子等便构成了表面活性粒子。除了上文所述的无机阴离子在电极与溶液界面区的特性吸附外，许多有机化合物的分子和离子同样能够在界面处吸附。表面活性物质在电极上的吸附，受限于电极与被吸附物质、电极与溶剂以及被吸附物质与溶剂之间的三种类型的交互作用。其中，前两种交互作用与电极表面剩余电荷密度关系密切。

有机物的分子和离子在电极与溶液界面区的吸附对电极过程影响深远。例如，电镀过程中所使用的有机添加剂和以减缓金属腐蚀为目的的有机缓蚀剂，多数均具有一定的表面活性。

与阴离子的特性吸附类似，有机物的活性粒子向电极表面转移时，要首先去除自身一部分的水化膜，同时排挤原来已吸附在电极上的水分子。这两个过程都将导致系统吉布斯自由能的增加。然而，离子与电极间的相互作用（包括物理作用，如憎水作用力、镜像力和色散力所引起的，以及化学作用，如类似于化学键的作用），也将使系统吉布斯自由能减少。只有后一种作用更加强大，使得系统总的吉布斯自由能减少，吸附才能得以发生。

有机物在电极表面吸附过程中，可能出现两种情况。一种是被吸附的有机物在电极表面维持其原有化学结构和性质不变。这种吸附是可逆的，因为被吸附的粒子与溶液中同种粒子之间的交换非常方便。另一种情况是电极与被吸附的有机物间的相互作用非常激烈，这种交互作用可能改变有机物的化学结构，形成表面化合物，进而破坏了被吸附的有机物与电极和溶液之间的平衡，这是一种不可逆的吸附。

1. 有机物的可逆吸附

当电极表面的剩余电荷密度相当低时，对于在电极与溶液界面之间发生的可逆吸附行为的脂肪族化合物而言，其分子中的亲水性极性基团（如在丁醇中所包含的羟基）朝向溶液一方（见图3-12），而无法水化的碳链（即分子中的憎水部分）则倾向于朝向电极。并且，此类脂肪化合物的碳链越长，其表观活性也就越大。这类化合物在电极与溶液界面上的吸附现象，与它们在空气与溶液界面上吸附行为十分相似。然而，某些芳香族化合物（如甲酚磺酸及2，6－二甲基苯胺等）、杂环化合物（如咪唑和噻唑衍生物等）和极性官能团众多的化合物（如多种亚乙基多胺和聚乙二醇等）的活性粒子与电极之间的相互作用明显优于与空气间的相互作用，因此在电极上的吸附过程相比在空气与溶液界面上的吸附更为顺利。且同一种粒子在各类不同材质的电极上的吸附能力差异显著。

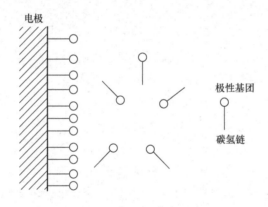

图 3-12　丁醇在电极上吸附的示意图

2. 有机物的不可逆吸附

研究发现诸多有机物质，如甲醇、苯以及萘等，在铂电极上吸附的过程是不可逆的。当有机分子与具有高度催化活性的铂电极接触时，都会产生诸如脱氢反应、自氢化反应、氧化反应以及分解等一系列复杂的化学反应，这些反应产生的产物会被牢固地吸附在电极表面。然而，在这些被吸附的有机物质总量中，仅有微乎其微的部分（即不到1%），属于物理吸附的范畴。这种不可逆吸附过程与有机分子与催化活性电极间的化学作用息息相关，且在铂电极上的吸附层结构特性和组成亦取决于有机分子与电极间的相互作用。

因此，人们需要深入研究那些影响吸附粒子组成、结构以及电极界面间键性质的因素，如电极电势、溶液 pH 值等。对此过程进行深入研究的最佳方式是结合电化学测量技术，并采用放射活性的示踪原子。

借助示踪原子，我们得以精确测量被吸附的含碳粒子的数量；而借助电化学方法（如积分恒电势下的电流－时间曲线），我们能测量出吸附过程中形成的氢的数量。通过比较这两个数据，我们就能初步评估被吸附粒子的化学构成。

通过研究不同电势下有机物吸附的动力学过程，我们可以揭示电极电势如何影响有机物在电极表面的覆盖程度。当电极电势从吸附量最大的电势向负向或正向移动时，原本吸附在电极上的有机物有可能会发生脱附。通常情况下，脱附的原因在于电极上被吸附的物质发生了电氧化或电还原。

第 4 章

电极反应动力学与液相传质

4.1　电极反应的种类

无论是在电解池中还是在化学电池中进行的电化学反应，都至少包括两种电极过程（阳极过程、阴极过程）和液相传质过程（包括电迁移、扩散等）。电极过程涉及电极与溶液之间的电量传送，而溶液中又不存在自由电子，因而电极过程必然会发生某一组分或某些组分的氧化或还原的电极反应。液相中的传质过程一般只引起电解质溶液中各组分的局部浓度变化，不会引起化学变化。

对于稳定进行的电化学反应而言，阳极过程、液相传质过程和阴极过程是串联进行的，每种过程涉及的净电量转移是完全相同的。然而，这三种过程又往往是彼此独立的，可以分解出来分别加以研究，以便弄清楚每一种过程在整个电化学反应中的地位和作用。不过，由于溶液的黏滞性，附着在电极表面上的溶液薄层总是处于静止状态。这一溶液薄层中的电迁移和扩散等液相传质过程对电极过程的进行速度有着很大的影响。有时在这一溶液薄层中还进行着与电极反应直接有关的化学变换等。因此，电极过程动力学的研究范围不但包括在电极表面上直接进行的电极反应过程，还包括电极表面附近溶液薄层中的传质过程及化学过程等，统称为"电极过程（electrode process）"。

电极上发生的过程有两种类型，即法拉第过程（faradaic process）和非法拉第过程（nonfaradaic process）。电极反应实际上是一种较为复杂的多相化学过程。本部分主要讨论涉及电荷传递的电极反应。基本电荷迁移过程有阴极还原过程 $Ox + ne \rightarrow Red$，和阳极氧化过程 $Red \rightarrow Ox + ne$，其主要反应种类如下：

1. 简单电子传递反应

电极/溶液界面的溶液一侧的氧化或还原物质借助于电极得到或失去电子，生成还原态或氧化态的物质而溶解于溶液中，而电极在经历氧化 – 还原后，其物理化学性质和表面状态等并未发生变化，例如，在 Pt 电极上进行反应。

$$Sn^{4+} + 2e \rightarrow Sn^{2+}$$

$$Fe(CN)_6^{4-} + e \rightarrow Fe(CN)_6^{3-}$$

2. 金属沉积反应

溶液中的金属离子从电极上得到电子还原为金属，附着于电极表面。此时电极表面状态与沉积前相比发生了变化。

$$Cu^{2+} + 2e \rightarrow Cu$$

3. 表面膜形成反应

覆盖于电极表面的物质（电极一侧）经过氧化或还原反应，形成另一种附着于电极表面的物质，它们可能是氧化物、氢氧化物、硫酸盐等。例如，铅酸电池正极的放电反应，PbO_2 还原为 $PbSO_4$。

$$PbO_2(s) + 4H^+ + SO_4^{2-} + 2e \rightarrow PbSO_4(s) + 2H_2O$$

4. 耦联化学反应的电子传递反应

电子传递反应的直接产物具有某种化学活性，因而可以进行耦联化学反应，生成最后产物。例如，碱性介质中丙烯腈的还原反应，丙烯腈在电极上还原得到的直接产物是一种自由基阴离子，它进行二聚反应后才转变成己二腈。

$$CH_2 = CHCN + e \rightarrow [CH_2 = CHCN]^-$$

$$2[CH_2 = CHCN]^- + 2H^+ \rightarrow NC(CH_2)_4CN$$

5. 气体电极反应

例如，在多孔石墨电极中，氧气在阴极中的还原反应

$$O_2 + 2H^+ + 2e \rightarrow H_2O_2$$

或 $$O_2 + 2H_2O + 4e \rightarrow OH^-$$

6. 气体析出反应

某些存在于溶液中的非金属离子借助电极发生还原或氧化反应产生气体而析出。在整个反应过程中，电解液非金属离子的浓度不断减小。

7. 腐蚀反应

即溶解反应，指金属或非金属在一定的介质中发生溶解，电极的质量不断减轻。

电极反应的种类很多，除简单电子传递反应外，绝大多数电极反应过程是以多步骤进行的，例如，伴随着电荷传递过程的吸、脱附反应和化学反应。

4.2 电极过程及速控步骤

一般来说，电极过程可看作是由下列单元步骤串联组成的：

1. 液相传质步骤

反应物粒子（离子、分子等）由电解质本体向电极表面迁移。

2. 前置表面转化步骤

反应物粒子在电极表面上或表面附近溶液薄层中进行"反应前的转化过程"，例如，水化离子的脱水、表面吸附、络合离子的离解或其他化学变化等。

3. 电化学反应步骤（电子转移步骤）

反应物粒子在电极/溶液表面上得到或失去电子，生成还原反应或氧化反应的产物。

4. 后置表面转化步骤

反应产物在电极表面或表面附近溶液薄层中进行电化学反应后的转化过程，例如，反应产物自电极表面脱附，反应产物的复合、水解、歧化或其他化学变化。

5. 新相生成步骤

反应产物生成新相，例如，生成气体、固相沉积层等，即新相生成步骤。或反应产物是可溶的，产物颗粒自电极表面向溶液中或液态电极内部传递，称为反应后的液相传质步骤。

除此之外，还可能有吸脱附过程、新相生长过程，以及伴随电化学反应而发生的一般化学反应等。当然，许多实际电极过程还可能更复杂一些。在复杂的电极过程中，有些单元步骤本身又可能由几个步骤串联组成，例如，涉及多个电子转移的电化学步骤，由于氧化态颗粒同时获得两个电子的概率很小，故整个电化学反应往往要通过几个单个电子转移步骤串联来完成。因此，一个具体的电极过程中究竟包含着哪些单元步骤，应该通过实验结果来分析和推断，绝不能主观臆测。

在稳态下，整个电极过程中串联的各步骤的速度是相同的。而整个电极过程的速度是由"最慢"步骤的速度决定的，这个"最慢"的步骤称为电极过程的速度控制步骤。因此，整个电极过程的动力学特征就与这个速度控制步骤的动力学特征相同。当电化学反应为速度控制步骤时，测得的整个电极过程的动力学参数，就是该电化学反应步骤的动力学参数。反之，当扩散过程为控制步骤时，整个电极过程的速度服从扩散动力学的基本规律。因此，确定一个电极过程的速度控制步骤，在电极过程动力学研究中有着重要意义。

电极上的反应以化学和电两方面的变化为特征，属于异相反应类型。假设电极反应为

$$O + ne \rightarrow R$$

按照异相反应速度的表示方法，该电极反应速度为

$$v = \frac{1}{S}\frac{dc}{dt} \tag{4-1}$$

式中，v 为电极反应速度；S 为电极表面的面积；c 为反应物的摩尔浓度；t 为反应时间。

根据法拉第定律，产生 1mol 当量物质的变化，电极上需要通过 1F（法拉第）电量。因此，电极上 n mol 物质被氧化或还原，就需要通过 nF 电量。反应物质放电的时候必然产生电流，通过电流的变化就可以观察到反应速率的变化，因此，电极反应速度（v）用电流密度（i）表示为

$$i = nFv = nF\frac{1}{S}\frac{dc}{dt} \tag{4-2}$$

当电极反应达到稳定状态时，外电流将全部消耗于电极反应，因此，实验测得的外电流密度就代表了电极反应速度的大小。

4.3　电极的极化现象

4.3.1　电极的极化现象及原因

可逆电极（reversible cell），即处于热力学平衡状态的电极体系，由于其氧化反应和还原反应速度相等，电荷交换和物质交换都处于动态平衡之中，因而净反应速度为零，电极上没有电流流过，即外电流等于零。这时的电极电势就是平衡电势。如果电极上有电流流过，则有净反应发生，这表明电极失去了原有的平衡状态。这时，电极电势将因此而偏离平衡电势。这种有电流流过时电极电势偏离平衡电位的现象叫作电极的极化（electrode polarization）。

实际上，极化现象是最普通的电化学现象。在电极的金属–电解质界面会产生总厚度为 $0.2\sim20$nm 的双电层，其中由于电极的金属相为电的良导体，过剩电荷集中在表面；而由于电解质的电阻较大，过剩电荷只部分紧贴于相界面，被称为紧密双层；剩余部分呈分散态，被称为分散双层。由于电极反应的核心步骤都在紧密层中进行，故双电层结构对于电化学过程具有重要意义。从双电层的角度考虑，当电势–电流变化时，是非法拉第过程，流向界面的电荷只用于改变界面构造而不发生电化学反应，这是理想电容器。但是当电极上发生氧化还原反应时，有电荷传递现象发生，是法拉第过程。因为理想的电容不通过电荷传递，因此法拉第电极过程破坏了双电层的理想性，产生了漏电电流，这就意味着电极上一旦发生电化学反应，理想的双电层就破坏了，相当于一个漏电的电容器。也就是说，法拉第电极过程均为非理想的可逆过程，因而电极极化是非常普通的电化学现象。

在电化学体系中进行的电化学测量实验结果表明，当阴极方向有外电流通过，即电极上电极反应为阴极方向净反应时，电极电势总是变得比平衡电势更负，此时发生阴极方向的电极极化；当阳极方向有外电流通过时，即电极上电极反应为阳极方向净反应时，电极电势总是变得比平衡电势更正，此时发生阳极方向的电极极化。电极电势偏离平衡电位向负方向移动称为阴极极化（cathodic polarization），而向正方向移动则称为阳极极化（anodic polarization）。

在一定的电流密度下，电极电势与平衡电势的差值称为电极在该电流密度下的超电势（overpotential），通常用 η 表示，它是表征电极极化程度的参数，在电极过程动力学中有重要的意义，一般取正值，可表示为

$$\eta = |\varphi - \varphi_\text{平}| \tag{4-3}$$

式中，φ 为某一电流密度下的电极电势数值；$\varphi_\text{平}$ 为该电极的平衡电势的数值。由于超电势一般为正值，阴极超电势和阳极超电势可分别表示为

$$\eta_\text{阴} = \varphi - \varphi_\text{平} \tag{4-4}$$

$$\eta_\text{阳} = \varphi_\text{平} - \varphi \tag{4-5}$$

严格地说，超电势 η 只适用于可逆电极，值得注意的是，实际遇到的电极体系，在没有电流通过时，并不都是可逆电极。即在电流为零时，测得的电极电势可能是可逆电极的平衡电势，也可能是不可逆电极的稳定电势。在给定的电流密度下，某电极的电极电势与其起始电势之差，就叫作极化值（$\Delta\varphi$），$\Delta\varphi = \varphi - \varphi_\text{起始}$。因此，极化值 $\Delta\varphi$ 则适用于可逆电极，也适用于不可逆电极，在实际问题的研究中，往往采用极化值更方便一些。应强调指出的是，在讨论超电势或极化值的大小时，一定要指明是在什么电流密度下的超电势或极化值，因为电流密度不同，它们的数值也不同。

电极极化的原因及类型是与控制步骤相关联的。电极的极化主要是电极反应过程中控制步骤所受阻力的反映，根据控制步骤的不同，可将极化分为两类，即电化学极化（electrochemical polarization）和浓差极化（concentration polarization）。如果电极反应中电子转移步骤即电化学步骤速度最慢，成为整个电极反应过程的控制步骤，由此导致的极化为电化学极化；如果电子转移步骤很快，而反应物从溶液相中向电极表面运动或产物自电极表面向溶液相内部运动的液相传质步骤很慢，以至于成为整个电极反应过程的控制步骤，则与此相应的极化就称为浓差极化。此外，如果产物在电极表面形成固体覆盖层使整个体系电阻增大，导致电压降低，也产生了极化，这种极化称为电阻极化，其中较为常见的是钝化。

4.3.2　电化学极化

电化学极化，即活化过电势，例如，电流流过阴极时，单位时间内以一定数量的电子供应给电极，如果反应足够快，可以立即把这些电子"吸收"，

使平衡电势维持不变。但事实上，反应需要一定的活化能，电极反应不那么容易进行，也就是说，不能立即达到那么快的速度，于是电极上就积累了过量的电子，即电子对双电层充电，使电极电势向负方向移动，产生阴极极化。阴极极化的结果，反过来降低了还原反应的活化能，提高了还原反应的速度；同时，增加了氧化反应的活化能，降低了氧化反应的速度。最终，电极极化达到某一稳定值，使电极上的净还原反应速度等于外电流密度。所以，活化过电势是由于外电流密度（外因）与电极反应本身的速度（内因）这对矛盾引起的，i 相对于 i^0 越大，活化过电势就越大。根据稳态下，外电流密度等于电极上的净反应速度这一原理，可以导出电化学极化的基本方程。

电化学极化的基本方程，即著名的 Butler – Volmer 方程，简称为 B – V 公式。该方程于 1930 年由巴特勒（Butler）和伏尔默（Volmer）两位科学家共同导出，它描述了在电极与溶液界面发生电化学反应时，电化学反应速度和所施加的超电势之间的指数关系。Butler 是英国化学家，他对化学热力学和理论电化学，尤其是对电化学动力学与电化学热力学之间的联系做出了很大的贡献。Volmer 是德国物理化学家，Volmer 最主要的贡献是在物理化学方面对新相的成核与长大之间的关系进行了阐述。1930 年，Volmer 研究了氢析出超电势的理论，与 Butler 共同导出了著名的 Butler – Volmer 方程。

前面已经阐述过，在平衡电势下，电极上进行的还原反应速度和氧化反应速度相等，用交换电流密度表示，即 $i_c = i_a = i^0$。若此时电极上通以一定大小的外电流 I，电极电势将偏离平衡电势，在电极上进行的还原反应速度和氧化反应速度不再相等，即 $i_c \neq i_a$，当电极过程达到稳态时，还原反应速度 i_c 与氧化反应速度 i_a 之间的差值（即净的反应速度）与施加的外电流密度 I 相等。

若阴极极化时，$i_c > i_a$，净电流等于阴极外电流密度 I_c。

$$I_c = i_c - i_a = i^0 \left[\exp\left(\frac{\alpha n F \eta_c}{RT}\right) - \exp\left(\frac{\beta n F \eta_a}{RT}\right) \right] \tag{4-6}$$

若阳极极化时，$i_a > i_c$，净电流等于阴极外电流密度 I_a。

$$I_a = i_a - i_c = i^0 \left[\exp\left(\frac{\beta n F \eta_a}{RT}\right) - \exp\left(\frac{\alpha n F \eta_c}{RT}\right) \right] \tag{4-7}$$

利用 $\eta_c = -\eta_a$ 的关系，可知

$$I_c = i^0 \left[\exp\left(\frac{\alpha n F \eta_c}{RT} \right) - \exp\left(-\frac{\beta n F \eta_c}{RT} \right) \right] \tag{4-8}$$

$$I_a = i^0 \left[\exp\left(\frac{\beta n F \eta_a}{RT} \right) - \exp\left(-\frac{\alpha n F \eta_a}{RT} \right) \right] \tag{4-9}$$

这就是 Butler – Volmer 方程，表示了极化电流密度与超电势之间的关系，关系曲线如图 4-1 所示。

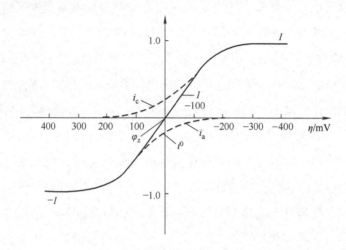

图 4-1　i_a、i_c 和 I 与超电势的关系曲线

在没有建立起完整的电子转移步骤动力学理论之前，人们已通过大量的实践，发现和总结了电化学极化动力学的一些基本规律，具体表现为如下特征：

1）电化学极化的规律以瑞士物理学家塔菲尔（Tafel）在 1905 年提出的超电势和电流密度之间的经验关系式最为重要，其数学表达式为

$$\eta = a + b \lg i \tag{4-10}$$

式中，超电势 η 和电流密度 i 均取绝对值（即正值）；a 和 b 为两个常数，a 表示电流密度为单位数值（如 $1 A/cm^2$）时的超电势值，是一个主要与温度有关的常数。a 的大小和电极材料的性质、电极表面状态、溶液组成、温度及电极反应本性等因素有关，根据 a 值的大小，可以比较不同电极体系中进行电子转移步骤的难易程度。对大多数金属而言，常温下 b 的数值约为 0.12V。

2）搅拌溶液不会改变通过电极的电流密度. 即搅拌对电极反应速度无影响。

3）电极过程的反应速度与电极的真实表面积成正比。电极的真实表面积越大，电极反应速度越快。

4）电极过程的反应速度与电极材料及表面状态有关。同一电极反应在不同电极材料上进行的反应速度和极化现象不同，表面活性物质在电极表面上吸附和双电层结构改变都会显著影响电极反应速度。

5）电极反应速度的温度系数比较高。温度升高，同一电流密度下超电势下降显著，或同一超电势下的电极反应速度（电流密度）增加显著。

4.3.3 浓差极化

当电极过程由液相传质的扩散步骤控制时，电极所产生的极化就是浓差极化。所以通过研究浓差极化的规律，即通过浓差极化方程及其极化曲线等特征，就可以正确判断电极过程是否由扩散步骤控制，进而可研究如何有效地利用这类电极过程为科研和生产服务。

若电极反应的交换电流密度很大，电子转移与表面转化等步骤不是限制性步骤，电极过程的速率由液相传质步骤控制。电子转移、表面转化等步骤可以认为处于平衡状态，整个电极过程的不可逆只出现在液相中，是由扩散传质的不可逆引起的。所以，仍然可以用热力学的平衡电势公式表示电极反应的电极电势与浓度的关系。扩散的影响由扩散层中反应物浓度的变化来反映。

当电极过程由液相传质的扩散步骤控制时，可认为电子转移步骤足够快，其平衡状态未遭到破坏，且还假定溶液中存在大量的惰性电解质，因而可以忽略扩散层中的电迁效应。当电极上有电流通过时，有

$$\varphi = \varphi_e^0 + \frac{RT}{nF}\ln\frac{a_O^S}{a_R^S} = \varphi_e^0 + \frac{RT}{nF}\ln\frac{f_O c_O^S}{f_R c_R^S} \tag{4-11}$$

式中，φ_e^0 为 O/R 电对的标准平衡电势；a_O^S、a_R^S 和 f_O、f_R 分别表示表面液层中氧化态和还原态的活度和活度系数。

1. 反应产物为独立相时

假设反应开始前或通过电流后很快达到 $a_R^S = 1$，则有

$$\varphi = \varphi_e^0 + \frac{RT}{nF}\ln f_O c_O^0 + \frac{RT}{nF}\ln\left(1 - \frac{I}{I_d}\right) = \varphi_e + \frac{RT}{nF}\ln\left(1 - \frac{I}{I_d}\right) \tag{4-12}$$

式中，φ_e 为未发生浓差极化时的平衡电势。

由反应粒子的浓度扩散控制的过电势表示为

$$\eta = \varphi - \varphi_e = \frac{RT}{nF}\ln\left(1 - \frac{I}{I_d}\right) \tag{4-13}$$

此类极化曲线的特征为 η 和 $\lg\left(1 - \dfrac{I}{I_d}\right)$ 之间为线性关系，斜率为 $\dfrac{23RT}{10nF}$，因而根据半对数极化曲线的斜率可以获知电极反应涉及的电子数 n。

2. 反应产物可溶时

此时 $a_R^S \neq 1$，由于在单位电极表面上 R 的生成速度为 $\dfrac{I}{nF}$，其扩散流失速率为 $D_R\left(\dfrac{\partial c_R}{\partial x}\right)_{x=0}$。稳态下这两个速度相等，且认为反应前产物浓度 $c_R^0 = 0$，则有 $c_R^S = \dfrac{I\delta_R}{nFD_R}$。因而有

$$\varphi = \varphi_e^0 + \frac{RT}{nF}\ln\left(\frac{f_O\delta_O D_R}{f_R\delta_R D_O}\right) + \frac{RT}{nF}\ln\left(\frac{I}{I_d - I}\right) \tag{4-14}$$

$$\eta = \varphi_{1/2} + \frac{RT}{nF}\ln\left(\frac{I}{I_d - I}\right) \tag{4-15}$$

此类极化曲线的特征是 η 和 $\ln\left(\dfrac{I}{I_d - I}\right)$ 之间存在线性关系，以其斜率 $\dfrac{23RT}{10nF}$ 也可以求出 n。图 4-2 所示为扩散控制下的极化曲线，其中图 4-2a、图 4-2b 表示反应产物为独立相时的情况，图 4-2c、图 4-2d 表示反应产物可溶时的情况。

4.3.4　电化学极化和浓差极化共存时的动力学规律

前面讨论的是单一的电化学极化或浓差极化，但在实际情况中，只有当通过电极的极化电流密度远小于极限扩散电流密度，溶液中的对流作用很强时，电极过程才有可能只出现电化学极化；同样地，只有当外电流密度很大，接近于极限扩散电流密度，溶液中没有强制对流作用时，才有可能只出现浓差极化。在一般情况下往往是两种极化共存，因此很有必要阐述混合控制动力学规律。

在电化学极化中若出现了浓差极化，它的影响主要体现在电极表面反应

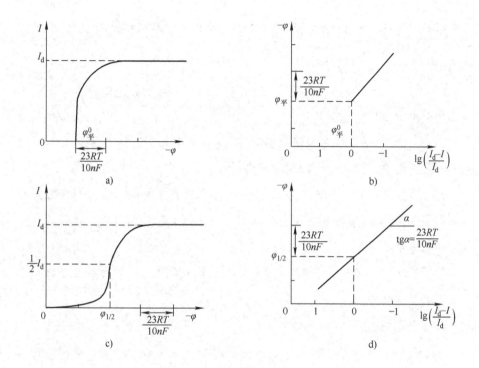

图4-2 扩散控制下的极化曲线

a)、b) 反应产物为独立相　c)、d) 反应产物可溶

粒子浓度的变化上。当扩散步骤处于平衡态或准平衡态时，电极表面和溶液内部没有浓度差，所以可用体浓度 c 代替表面浓度 c^S；但当扩散成为控制步骤之一时，电极表面附近液层中的浓度梯度不可忽略。用 c_O^0 和 c_R^0 表示反应粒子的浓度，c_O^S 和 c_R^S 表示反应粒子在电极表面的浓度，则电极反应的速度为

$$I = i^0 \left[\frac{c_O^S}{c_O^0} \exp\left(\frac{\alpha nF}{RT} \eta_c \right) - \frac{c_R^S}{c_R^0} \exp\left(-\frac{\beta nF}{RT} \eta_a \right) \right] \tag{4-16}$$

通常两种极化方式共存时，极化电流都较大，当 $I \gg i^0$ 时，$I = i^0 \dfrac{c_O^S}{c_O^0} \exp\left(\dfrac{\alpha nF}{RT} \eta_c \right)$，即

$$\eta_c = \frac{RT}{\alpha nF} \ln \frac{I}{i^0} + \frac{RT}{\alpha nF} \ln\left(\frac{I_d}{I_d - I} \right) \tag{4-17}$$

由式（4-17）可以看出，此时的过电势由两部分组成，式（4-17）中右

边的第一项为电化学极化引起，其数值决定于$\frac{I}{i^0}$，第二项是浓度极化引起，数值决定于 I 和 I_d 的相对大小。

1）当 $I_d \gg I \gg i^0$ 时，式（4-17）中右边的第二项可以忽略不计，此时过电势完全由电化学极化引起。

2）当 $I_d \approx I \gg i^0$ 时，过电势主要是由浓差极化引起，但由于推导式（4-17）的前提已不成立，因此，必须用原式进行计算。

3）当 $I_d \approx I \gg i^0$ 时，式（4-17）中右边的两项均不能忽略，但往往只有一项起主要作用。I 较小时，电化学影响较大；当 I 趋近于 I_d 时，浓差极化转变为主要因素。

4）当 $I \ll I_d$，$I \ll i^0$，则几乎不出现任何极化现象，这是电极基本保持不通电时的平衡状态。

4.3.5　极化曲线

为了探索电极过程机理及影响电极过程的各种因素，必须对电极过程进行研究，其中极化曲线的测定是重要方法之一。原电池与电解池的极化曲线如图4-3所示，我们知道在研究可逆电池的电动势和电池反应时，电极上几乎没有电流通过，每个电极反应都是在接近于平衡状态下进行的，因此电极反应是可逆的。但当有电流明显地通过电池时，电极的平衡状态被破坏，电极电势偏离平衡值，电极反应处于不可逆状态，而且随着电极上电流密度的增加，电极反应的不可逆程度也随之增大。由于电流通过电极而导致电极电势偏离平衡值的现象称为电极的极化，描述电流密度与电极电势之间关系的曲线称作极化曲线，如图4-4所示。

极化曲线的测定方法有恒电势法和恒电流法。

（1）恒电势法

恒电势法就是将研究电极依次恒定在不同的数值上，然后测量对应于各电势下的电流。极化曲线的测量应尽可能接近稳态体系。稳态体系指被研究体系的极化电流、电极电势、电极表面状态等基本上不随时间而改变。在实际测量中，常用的控制电势测量方法有以下两种。

1）静态法：将电极电势恒定在某一数值，测定相应的稳定电流值，如此

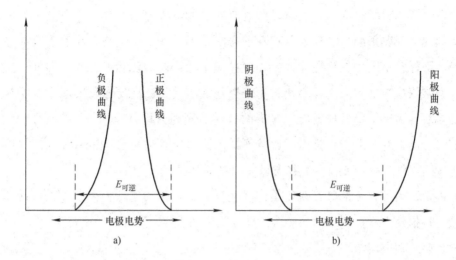

图 4-3 原电池和电解池的极化曲线

a) 原电池的极化曲线 b) 电解池的极化曲线

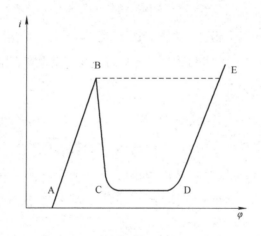

图 4-4 极化曲线

A-B: 活性溶解区, B: 临界钝化点, B-C: 过渡钝化区,

C-D: 稳定钝化区, D-E: 超（过）钝化区

逐点地测量一系列各个电极电势下的稳定电流值，以获得完整的极化曲线。对某些体系，达到稳态可能需要很长时间，为节省时间，提高测量重现性，往往人们自行规定每次电势恒定的时间。

2）动态法：控制电极电势以较慢的速度连续地改变（扫描），并测量对应电势下的瞬时电流值，以瞬时电流与对应的电极电势作图，获得整个的极化曲线。一般来说，电极表面建立稳态的速度越慢，则电势扫描速度也应越慢。因此对不同的电极体系，扫描速度也不相同。为测得稳态极化曲线，人们通常依次减小扫描速度测定若干条极化曲线，当测定至极化曲线不再明显变化时，可确定此扫描速度下测得的极化曲线即为稳态极化曲线。同样，为节省时间，对于那些只是为了比较不同因素对电极过程影响的极化曲线，则选取适当的扫描速度绘制准稳态极化曲线就可以。

上述两种方法都已经获得了广泛应用，尤其是动态法，由于可以自动测绘，扫描速度可控制，因而测量结果重现性好，特别适用于对比实验。

（2）恒电流法

恒电流法就是控制研究电极上的电流密度依次恒定在不同的数值下，同时测定相应的稳定电极电势值。采用恒电流法测定极化曲线时，由于种种原因，给定电流后，电极电势往往不能立即达到稳态，不同的体系，电势趋于稳态所需要的时间也不相同，因此，在实际测量时，一般电势接近稳定（如，$1 \sim 3\min$ 内无大的变化）即可读值，或自行规定每次电流恒定的时间。

4.3.6　三电极体系

测绘单个电极的极化曲线，需要同时测定通过电极的电流和电势。为了精确地同时获得电极的电流和电势的数值，通常选用三电极体系。图 4-5 为测定极化曲线的基本电路，其中被测体系由工作电极（Working Electrode，WE）、参比电极（Reference Electrode，RE）和辅助电极（Counter Electrode，CE）组成，因此称为三电极体系。

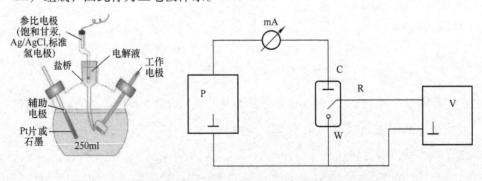

图 4-5　三电极体系结构图及电路图

1. 工作电极

工作电极又称研究电极，是指所研究的反应在该电极上发生。一般来讲，对工作电极的基本要求是：工作电极可以是固体，也可以是液体，各种能导电的固体材料均能用作电极。

1）所研究的电化学反应不会因电极自身所发生的反应而受到影响，并且能够在较大的电势区域中进行测定。

2）电极必须不与溶剂或电解液组分发生反应。

3）电极面积不宜太大，电极表面最好应是均一平滑的，且能够通过简单的方法进行表面净化等。

2. 工作电极的选择

通常根据研究的性质来预先确定电极材料，但最普通的"惰性"固体电极材料是玻碳（铂、金、银、铅和导电玻璃）等。采用固体电极时，为了保证实验的重现性，必须注意建立合适的电极预处理步骤，以保证氧化还原、表面形貌和不存在吸附杂质的可重现状态。在液体电极中，汞和汞齐是最常用的工作电极，它们都是液体，都有可重现的均相表面，制备和保持清洁都较容易，同时，电极上高的氢析出超电势提高了在负电势下的工作窗口，因此被广泛用于电化学分析中。

3. 辅助电极

又称对电极，辅助电极和工作电极组成回路，使工作电极上电流畅通，以保证所研究的反应在工作电极上发生，但必须无任何方式限制电池观测的响应。由于工作电极发生氧化或还原反应时，辅助电极上可以安排为气体的析出反应或工作电极反应的逆反应，以使电解液组分不变，即辅助电极的性能一般不显著影响研究电极上的反应。但减少辅助电极上的反应对工作电极干扰的办法是用烧结玻璃、多孔陶瓷或离子交换膜等来隔离两电极区的溶液。

4. 三电极体系结构及电路图

电化学测试的方法很多，根据测试的特质，可以分为以下几大类：稳态测试法、暂态测试法、伏安法、交流阻抗法等。这里只给大家简单介绍一些使用最普遍、功能最强大的电化学测试方法。在此之前，先对电化学测试最常用的三电极测试体系进行简单介绍。

所谓的三电极体系，是为了排除电极电势因极化电流而产生的较大误差而设计的。它在普通的两电极体系（工作电极与对电极）的基础上引入了用以稳定工作电极的参比电极，如图4-5的右图所示，电解池由三个电极组成：工作电极（W）、对电极（C）以及参比电极（R）。W是主要的电极研究和操作对象，R是电势电极的比较标准，而C主要用以通过极化电流，实现对电极的极化。三电极体系在电路中时，P代表极化电源，为研究电极提供极化电流。mA和V分别为电流表和电压表，用以测试电流和电势。P、mA、C、W构成的左侧回路，称为极化回路，在极化回路中有极化电流通过，可对参比电极进行测量和控制。V、R、W构成了右侧回路，称为测量控制回路。在此回路中，对研究电极的电势进行测量和控制，由于回路中无极化电流流过，仅有极小的测量电流，所以不会对研究电极的极化状态和参比电极的稳定性造成干扰。由此可见，三电极体系可使研究电极表面通过极化电流，又不会妨碍研究的电极电势的控制和测量，可同时实现电势和电流的控制和测量。所以，大部分电化学研究测试均在三电极体系完成。

4.4 液相传质

由4.3节的电极过程可知，液相传质步骤是整个电极过程中的一个重要环节，由于反应物粒子（离子、分子等）需通过液相传质由电解质本体向电极表面迁移，而电极反应产物又需要通过液相传质过程离开电极表面。只有这样，才能保证电极过程持续进行下去。若电化学步骤反应速度很快，而溶液中反应物向电极表面传递速度或产物离开电极表面的传质速度跟不上时，则整个电极过程速度就全部由传质过程速度所决定或控制。

据估计，如果反应物粒子与电极表面每一次碰撞都会引起电化学反应，则当反应物粒子浓度为1mol/L时，电极反应最大速度可能达到10A/m，但是由于传质过程的限制，目前生产中采用的最高电流密度与理论值相差5个数量级以上，说明电极表面的反应潜力还远远没有被充分利用。曾经有人计算过，1.3mol/L的硫酸镍溶液在70℃时的理论极限电流密度，溶液静止时为$0.144 \times 10^4 A/m$，溶液剧烈搅拌时为$4.32 \times 10^4 A/m$。从计算所得结果对比可知，剧烈搅拌的溶液，其理论极限电流密度是静止溶液的 30 倍。此外，在电镀生产中，溶液中的传质过程常常成为提高生产效率的限制步骤。一般来说，金属的电沉积是一个较缓慢的过程，而且对于那些只有达到一定的镀层厚度才能产生良好表面防护性能的装饰性镀层来说，就需要电沉积较长的时间。因此，电镀的加工周期就较长。长期以来，在保证产品质量的前提下，人们对于如何提高金属电沉积的速度做了很多努力，例如，阴极移动的普遍使用、空气搅拌镀液等，这些方法都能不同程度地加快电镀速度。由此可见，研究液相传质步骤动力学的规律具有非常重要的意义。

液相传质步骤动力学实际上是讨论电沉积过程中电极表面附近溶液层中物质浓度变化的规律，并探讨如何提高传质过程速度的方法，同时，研究其对电极过程动力学的影响，探讨传质过程作为速度控制步骤时电极过程参数的测试和计算方法。

4.4.1 液相传质的方式

1. 电迁移传质

电迁移传质是电荷离子在外电场作用下的定向迁移，它不会受到溶液中离子浓度梯度的影响。在大多数实际电化学装置中，引起液相传质的主要因素是搅拌和自然对流现象。因此，在讨论电极过程动力学时，我们将注意力集中在电极表面和附近薄层液体中的传质过程，而不是两个电极之间的传质过程。

电化学体系是由阴极、阳极和电解质溶液组成的。当电化学体系中有电流通过时，阴极和阳极之间就会形成电场，在这个电场的作用下，电解质溶液中的阴离子就会定向地向阳极移动，阳离子定向地向阴极移动。这种带电粒子的定向运动使得电解质溶液具有介电性，显然，由于电迁移促使溶液中的物质进行传输，因此电迁移传质是液相传质的一种重要方式。

可以用电迁流量来表示通过电迁移作用使电极表面附近溶液中某种离子浓度发生变化的数量。所谓流量，就是在单位时间内，在单位截面积上流过的物质的量，通常用摩尔质量表示，电迁流量为

$$J_i = \pm c_i v_i = \pm c_i u_i E \tag{4-18}$$

式中，J_i 为 i 离子的电迁流量，单位为 $\dfrac{mol}{cm^2 \cdot s}$；$c_i$ 为 i 离子的浓度，单位为 $\dfrac{mol}{cm^3}$；v_i 为 i 离子的迁移速度，单位为 cm/s；u_i 为 i 离子淌度，单位为 $cm^2/(s \cdot V)$；E 为电场强度，单位为 V/cm；± 表示阳离子和阴离子运动方向不同，阳离子电迁移时用 "＋" 号，阴离子电迁移时用 "－"。

由式（4-18）可知，电迁流量与 i 离子的淌度成正比，与电场前强度成正比，与 i 离子的浓度成正比，即与 i 离子的迁移数有关。也就是说，溶液中其他离子的浓度越大，i 离子的迁移数就越小，当通过一定电流时，i 离子的电迁流量也就越小。

2. 对流传质

对流是一部分溶液与另一部分溶液之间的相对流动。通过溶液各部分之间的这种相对流动，也可以进行溶液中的物质传输过程。因此，对流也是一种重要的液相传质方式。

根据产生对流的原因不同，可将对流分为自然对流和强制对流两大类。

溶液中各部分之间由于存在密度差或温度差而引起的对流，叫作自然对流。这种对流在自然界中是大量存在、自然发生的。例如，在原电池或电解池中，由于电极反应消耗了反应粒子而生成了反应产物，导致电极表面附近液层的溶液密度与其他地方不同，从而由于重力作用而引起自然对流。此外，电极反应可能引起溶液温度的变化或有气体析出，这些都能够引起自然对流。

强制对流是用外力搅拌溶液引起的。搅拌溶液的方式有多种，例如，在溶液中通入压缩空气引起的搅拌叫作压缩空气搅拌；在溶液中采用棒式、桨式搅拌器或采用旋转电极引起的搅拌叫作机械搅拌。这些搅拌方法均可引起溶液的强制对流。此外，采用超声波振荡器等振动方法，也可引起溶液的强制对流。这些外力都能够使溶液发生流动并引起传质的过程。

通过自然对流和强制对流作用，可以使电极表面附近液层中的溶液浓度发生变化，其变化量用对流流量来表示。离子的对流流量为

$$J_i = v_x c_i \tag{4-19}$$

式中，J_i 为 i 离子的对流流量，单位为 $\dfrac{mol}{cm^2 \cdot s}$；$c_i$ 为 i 离子浓度，单位为 $\dfrac{mol}{cm^3}$；

v_x 为与电极表面垂直方向上的流体速度，单位为 cm/s。

3. 扩散传质

当溶液中存在某种组分的浓度差时，即在不同区域内，某组分的浓度不同时，该组分将自发地从浓度高的区域向浓度低的区域移动，这种液相传质运动叫作扩散。

在电极体系中，当有电流通过电极时，由于电极反应消耗了某种反应粒子并生成了相应的反应产物，导致电极表面附近液层中的某种组分的浓度发生变化。在该液层中，反应粒子的浓度由于电极反应的消耗而降低；而反应产物的浓度却比溶液本体中的浓度高。于是，反应粒子将向电极表面的方向扩散。

电极体系中的扩散传质过程是一个比较复杂的过程，整个扩散过程可分为非稳态扩散和稳态扩散两个阶段。

假定电极反应为阴极反应，反应粒子可溶于溶液的，而反应产物不可溶于溶液的。当电极上有电流通过时，在电极上发生电化学反应。电极反应首先消耗电极表面附近液层中的反应粒子，导致该液层中的反应粒子浓度 c_i 降低，从而在垂直于电极表面的 x 方向上产生了 i 离子的浓度梯度 $\dfrac{\mathrm{d}c_i}{\mathrm{d}x}$，在这个扩散推动力的作用下，溶液中的反应粒子开始向电极表面液层中扩散。

在电极反应初期，由于反应粒子浓度变化不大，浓度梯度较小，扩散到电极表面的反应粒子的数量远小于电极反应所消耗的数量，而且扩散所发生的范围主要在距离电极表面附近的区域内；随着电极反应的进行，扩散到电极表面的反应粒子的数量远小于电极反应的消耗量，导致浓度梯度加大，同时发生浓度差的范围也在不断扩大。这时，在发生扩散的液层中，反应粒子的浓度随时间的不同和与电极表面的距离不同而不断变化，如图4-6所示。

由图4-6可以看出，扩散层中各点的反应粒子浓度是时间和距离的函数：

$$c_i = f(x) \tag{4-20}$$

这种反应粒子浓度随 x 和 t 不断变化的扩散过程，是一种不稳定的扩散传质过程。这个阶段内的扩散称为非稳态扩散或者暂态扩散。由于非稳态扩散中，反应粒子浓度是 x 与 t 的函数，问题比较复杂一些，因此将在4.5.2节中

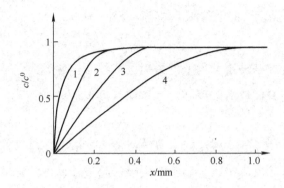

图 4-6　反应粒子的暂态浓度分布；开始极化后经历的时间

(t：1—0.1s；2—1s；3—10s；4—100s)

进行讨论。

如果随着时间的推移，扩散的速度不断提高，可能导致扩散补充的反应粒子数与电极反应消耗的反应粒子数相等，则可以达到一种动态平衡状态，即扩散速度与电极反应速度相平衡。在这种情况下，反应粒子在扩散层中各点的浓度分布不再随时间变化而变化，而仅仅是距离的函数。这时，存在浓度差的范围即扩散层的厚度不再变化，且 i 离子的浓度梯度是一个常数。在扩散的这个阶段，虽然电极反应和扩散传质过程同时进行，但二者的速度恒定并且相等，整个过程处于稳定状态，这个阶段的扩散过程就称为稳态扩散。

在稳态扩散中，通过扩散传质输送到电极表面的反应粒子恰好补偿了电极反应所消耗的反应粒子，其扩散流量可用菲克第一定律来确定，即

$$J_i = -D_i \left(\frac{dc_i}{dx} \right) \tag{4-21}$$

式中，J_i 为 i 离子的扩散流量，单位为 $\dfrac{mol}{cm^2 \cdot s}$；$D_i$ 为 i 离子的扩散系数，即浓度梯度为 1 时的扩散流量，单位为 cm^2/s；$\dfrac{dc_i}{dx}$ 为 i 离子的浓度梯度，单位为 mol/cm^4；负号 "－" 表示扩散传质方向与浓度增大的方向相反。

对扩散传质过程的讨论，可简要归纳如下：

1）稳态扩散与非稳态扩散的区别，主要看反应粒子的浓度分布是否为时间的函数，即，稳态扩散时，$c_i = f(x)$；非稳态扩散时，$c_i = f(x,t)$。

2）非稳态扩散时，扩散范围不断扩展，不存在确定的扩散层厚度；只有在稳态扩散时，才有确定的扩散范围，即存在不随时间改变的扩散层厚度。

3）即使在稳态扩散时，由于反应粒子在电极上不断消耗，溶液本体中的反应粒子不断向电极表面进行扩散传质，溶液本体中的反应粒子浓度也在不断下降，因此，严格说来，在稳态扩散中也存在着非稳态因素，把它看作稳态扩散，只是为讨论问题方便而做的近似处理。

4.4.2 液相传质三种方式的相对比较

为了加深对液相传质三种方式的理解，从以下方面对它们进行比较：

1）从传质运动的推动力来看：电迁移传质的推动力是电场力。对于自然对流，推动力来自于溶液不同部分之间的密度差或温度差，实质是由于存在重力差；对于强制对流，推动力来自于外部搅拌力；对于传质扩散，推动力来自于浓度差或浓度梯度，实质上是溶液中不同部分的化学位梯度。

2）从所传输的物质粒子来看：电迁移传质只能传输带电粒子，即电解质溶液中的阴离子或阳离子；扩散和对流传质则可以传输离子、分子，甚至其他形式的微粒。在电迁移传质和扩散传质中，溶质粒子与溶剂粒子有相对运动；而在对流传质中，溶液的一部分相对于另一部分运动，溶质与溶剂一起运动，它们之间没有明显的相对运动。

3）从传质作用的区域来看：可将电极表面及其附近的液层大致划分为双电层区、扩散层区和对流区，如图 4-7 所示。

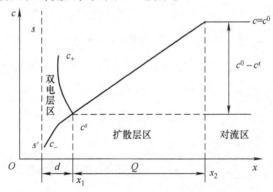

图 4-7 阴极极化时扩散层厚度示意图

在图 4-7 中，d 为双电层厚度，Q 为扩散层厚度，c^0 是溶液本体浓度，c 是电极表面附近液层的浓度，c_+ 和 c_- 分别为阳离子和阴离子的浓度，$s-s'$ 表示电极表面位置。

如图 4-7 所示，从电极表面到 x_1 处，距离为 d，这个区域称为双电层区。双电层区的厚度由距离 d 表示。在这个区域内，由于电极表面上存在不同的电荷，阴离子和阳离子的浓度是不同的。图 4-7 中电极表面带有负电荷，因此阳离子的浓度 c_+ 在电极表面比阴离子浓度 c_- 高。当到达双电层的边界处，阴极极化时，图 4-7 中 x_1 处有阳离子浓度 c_+ 和阴离子浓度 c_- 相等，这时的离子浓度用 c^s 表示。一般情况下，当电解质溶液的浓度不太低时，双电层厚度 d 约为几个 nm 厚。在这个区域内，可以认为各种离子的浓度分布仅受到双电层电场的影响，而不受其他传质过程的影响。因此，在讨论电极表面附近液层时，通常将 x_1 处视为 $x=0$ 点。

图 4-7 中，从 x_1 到 x_2 的距离 Q 表示扩散层的厚度。前面已经提到，对于非稳态扩散过程，扩散层的厚度会随时间变化，因此并不存在一个确定的扩散层厚度。图 4-7 中所示的距离 Q 只表示稳态扩散时的扩散层厚度。在这个区域中，电迁移和扩散是主要的传质方式。一般情况下，扩散层的厚度约为 $10^{-3} \sim 10^{-2}$ cm，从宏观角度来看，非常接近电极表面。根据流体力学理论，如此靠近电极表面的流层中，液体的对流速度很小，越靠近电极表面，对流速度越小。因此，在这个区域内，对流传质的作用很小。

当溶液中存在大量外部电解质时，反应离子的迁移数非常小。在这种情况下，可以忽略反应粒子的电迁移传质作用。因此，可以说扩散传质是扩散层中主要的传质方式。在许多实际的电化学体系中，电解质溶液通常含有大量外部电解质。因此，在考虑传质作用时，通常只考虑扩散作用，并且所说的电极表面附近的液层主要指的是扩散层。在后续讨论中，除非特别说明，都会按照这个思路处理问题。

在稳态扩散层内存在着浓度梯度，若表面反应粒子浓度为 c^s，溶液本体中的反应粒子浓度为 c，扩散层厚度为 Q，则浓度梯度为 $\dfrac{c^0-c^s}{Q}$。

在图 4-7 中，x_2 点以外的区域被称为对流区，这个区域远离电极表面，可以假定该区域中各种物质的浓度与溶液的本体浓度相同。通常情况下，对流传质在此区域远远超过电迁移传质，因此电迁移传质可以忽略不计，认为在对流区只有对流传质起主要作用。

从上述讨论可以得知，当电极上有电流通过时，在电解液中可能同时存在三种传质方式，但在特定区域或特定条件下，起主要作用的传质方式通常只有一种或两种。如果电极反应消耗了反应粒子，则这些反应粒子必须从溶液本体中传输来进行补充；如果溶液中含有大量外部电解质，并且忽略电迁移传质作用，那么向电极表面传输反应粒子的过程将由对流和扩散这两个连续的步骤组成。由于对流传质速度远大于扩散传质速度，因此液相传质的速度主要由扩散传质过程控制。根据控制步骤的概念，扩散动力学特征可以代表整个液相传质过程动力学的特征，因此本章实质上主要讨论扩散动力学特征。只有在对流传质过程不可忽略时，对流传质和扩散传质才会结合起来讨论。

4.4.3 液相传质三种方式的相互影响

前面已经对液相传质的三种方式分别进行了讨论。但是，由于三种方式共存于电解液同一体系中，因此，它们之间存在着相互联系和相互影响。

例如，在单纯的扩散过程中，即不存在任何其他传质作用时，随着电极反应不断消耗反应粒子，扩散流量很难赶上电极反应的消耗量；同时，溶液本体浓度 c^0 也会有所降低。因此，实际上是达不到稳态扩散的。只有反应粒子能通过其他传质方式及时得到补充，才可能实现稳态扩散过程。通常，在溶液中总是存在着对流作用的，在远离电极表面处，对流速度远大于扩散速度。只有当对流与扩散同时存在时，才能实现稳态扩散过程，因此，把一定强度的对流作用的存在作为实现稳态扩散过程的必要条件。

又例如，当电解液中没有大量的局外电解质存在时，电迁移的作用不能忽略。此时电迁移将对扩散作用产生影响，根据具体情况不同，电迁移和扩散之间可能是互相叠加的作用，也可能是互相抵消的作用。例如，在电解池中，当阴极上发生金属阳离子的还原反应时，电迁移与扩散作用两者方向相同，因此两者的相互叠加作用使溶液本体中的金属阳离子向电极表面附近液层中移动；而当阴离子在阴极上还原时（如，$Cr_2O_7^{2-}$ 离子在阴极上还原为铬），电迁移与扩散两者作用方向相反，起互相抵消的作用。阳极附近的情况也与此类似，当阳极的氧化反应是金属原子失掉电子变为金属离子时，金属离子的电迁移与扩散两者作用方向相同，是互相叠加作用；而当发生 $Fe^{2+} - e \rightarrow Fe^{3+}$ 这类低价离子氧化变为高价离子反应时，Fe^{2+} 离子的迁移和扩散作用两者方向相反，互相抵消。

4.5 扩散与扩散层

1）扩散层，若电极反应的产物不溶，当电极上通过一定的电流时，电极表面附近的反应物粒子被消耗，反应物粒子的浓度降低，在电极表面附近存在浓度梯度（或浓度差）的溶液层，我们称之为扩散层。扩散层内反应物粒子在浓度差的作用下向电极表面扩散传质。

2）表面层，又称边界层，是指液相传质过程中，在电极表面附近存在速度梯度（或速度差）的溶液层。

3）菲克定律扩散层内反应物粒子的扩散传质速度可用菲克定律定量地表示。菲克定律有第一定律和第二定律，菲克第一定律是描述稳态扩散过程的理论基础。菲克第二定律是描述非稳态扩散的理论基础。菲克是德国生理学家，他在认识到穿过薄膜扩散的重要性后，导出了菲克定律。菲克定律不仅在溶液的扩散传质中意义重大，在金属表面热处理、材料的掺杂以及药物胶囊缓释中也有着重要的理论基础。

4.5.1 稳态扩散

1. 理想条件下的稳态扩散过程

由于扩散与电迁移及对流三种传质方式总是同时存在，故在一般的电解池装置中，无法研究单纯扩散传质过程的规律。为了能简便地研究单纯扩散过程的规律，人为地设计了一定的装置，在此装置中可以排除电迁移传质作用的干扰，并且把扩散区与对流区分开，从而得到一个单纯的扩散过程。由于这种条件是人为创造的理想条件，因此，把这种条件下的扩散过程叫作理想条件下的稳态扩散过程。图 4-8 所示为稳态扩散过程示意图。

图 4-8 中，左边的毛细管内充满溶液，毛细管的长度为 l，其右端与盛相同液体的大容器 A 相通。毛细管左端放置一等截面的金属电极。由于 A 体积

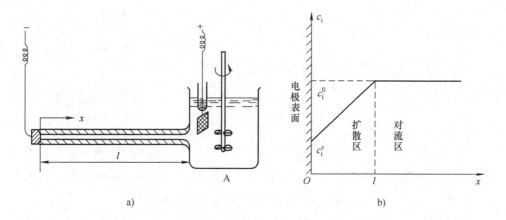

图 4-8　稳态扩散过程示意图

a）测试稳态扩散过程装置　b）电极的稳态扩散过程

大，所盛溶液的量也大，因此，只要通过的电量不大，可认为 A 中反应物粒子浓度不随时间变化。同时，在 A 中采用了搅拌装置，产生强烈的搅拌作用，使它成为对流区域，故在大容器 A 中各处的反应物浓度是均匀相同的。此外，溶液中还存在大量不参加电极反应的局外电解质，因此，可不考虑反应物粒子的电迁作用。

在这样的装置中，当有电流通过时，由于毛细管内径相对很小，对流传质作用不能扩散到毛细管中。因此，毛细管中反应物粒子的传递就全部靠扩散传质进行，即电流通过时，由于反应物粒子在毛细管末端的阴极上放电，阴极附近的浓度就要下降，并且这种浓度变化不断向 x 增大的方向发展。同时，由于浓度梯度的作用，反应物粒子从较远处向阴极表面扩散。随着通电时间的延长，浓度差逐渐向外发展。显然，毛细管中这种浓度差的发展不会超出 $x = l$ 的范围。因为 $x > l$ 时，已进入对流区（容器 A）。又因为对流传质速度比毛细管中扩散传质快得多，所以在 $x = l$ 处，靠对流传质完全能补偿阴极反应消耗的反应物粒子，即，此处反应物粒子的浓度 $c = c^0 = $ 常数。因而，当毛细管中的扩散传质达到稳态时，此时，毛细管中各点反应物粒子的浓度 c 与时间无关，与距离 x 的关系呈线性关系，各点的扩散传质速度也为常数，扩散层厚度等于毛细管的长度。

如果理想稳态扩散时溶液中反应物粒子的初始浓度为 c^0，达到稳态后阴

极表面反应物粒子的浓度为c^s，则毛细管内反应物粒子的浓度梯度为

$$\frac{dc}{dx} = \frac{c_{(x=l)} - c_{(x=0)}}{l} = \frac{c^0 - c^s}{l} \tag{4-22}$$

将式（4-22）代入菲克第一定律，得

$$J = -D \frac{c^0 - c^s}{l} \tag{4-23}$$

若扩散步骤为电极过程的速度控制步骤，整个电极反应的速度就由扩散传质速度来表示，如果用I表示扩散电流密度，习惯上以还原电流密度为正值，则电流的方向与x轴方向即浓度梯度增大的方向相反，于是有

$$I = nF(-J) = nFD\left(\frac{c^0 - c^s}{l}\right) \tag{4-24}$$

通电前，即$I = 0$时，图4-8装置中各处的浓度均相同，阴极表面的浓度$c^s = c^0$。通电后，随着I增加，阴极表面浓度c^s下降，当$c^s = 0$的极限情况出现时，则反应物粒子的浓度梯度达到最大值，扩散电流密度增大到一个极限值，我们称它为稳态极限扩散电流I_d，即

$$I_d = nFD \frac{c^0}{l} \tag{4-25}$$

此时的浓差极化就称为完全浓差极化。由式（4-25）可知，极限电流I_d与放电粒子原始浓度c^0成正比，与毛细管长度l（扩散层厚度）成反比。当c^0和l固定时，I_d由反应物粒子的扩散系数D决定。D与溶液温度成正比，与溶液黏滞系数和粒子半径成反比。

2. 真实条件下的稳态扩散过程

从上面的讨论已经知道，一定强度的对流的存在，是实现稳态扩散的必要条件。在理想稳态扩散装置中，也是因为有了对流作用才实现稳态扩散的。在真实的电化学体系中，也总是有对流作用的存在，并与扩散作用重叠在一起。所以真实体系中的稳态扩散过程，严格来说是一种对流作用下的稳态扩散过程，或可以称为对流扩散过程，而不是单纯的扩散过程。

此外，在理想条件下，人为地将扩散区与对流区分开了。但在真实的电化学体系中，扩散区与对流区是互相重叠、没有明确界限的。因此，真实体系中的稳态扩散与理想稳态扩散有相同的一面，即，在扩散层内都是以扩散

作用为主的传质过程，所以二者具有类似的扩散动力学规律。但是，二者又有不同之处，即在理想稳态扩散条件下，扩散层有确定的厚度，其厚度等于毛细管的长度 l；而在真实体系中，由于对流作用与扩散作用的重叠，只能依靠理论近似地求得扩散层的有效厚度。只有在确定扩散层的有效厚度后，才可能使用理想稳态扩散的动力学公式，推导出真实条件下的扩散动力学公式。

对流扩散又可分为两种情况，一种是自然对流条件下的稳态扩散，另一种是强制对流条件下的稳态扩散。由于很难确定自然对流的流速，因此，很难对自然对流下的稳态扩散进行定量讨论。我们将只讨论在强制对流条件下的稳态扩散过程。

为了定量地解决强制对流条件下的稳态扩散动力学问题，列维奇将流体力学的基本原理与扩散动力学相结合，提出了对流扩散理论，用该理论可以比较成功地处理异相界面附近的液流现象及其有关的传质过程。由于列维契对流扩散理论的数学推导比较复杂，所以我们只介绍该理论的要点。

假设有一个薄片平面电极，处于由搅拌作用而产生的强制对流中。如果液流方向与电极表面平行，并且当流速不太大时，该液流属于层流。设冲击点为 y_0 点，液流的切向流速为 u_0。

在符合上述条件的层流中，由于在电极表面附近液体的流动受到电极表面的阻滞作用（这种阻滞作用可理解为摩擦阻力，在流体力学中称为动力黏滞），故靠近电极表面的液流速度减小，而且距离电极表面越近，液流流速 u 就越小。在电极表面即 $x=0$ 处，$u=0$。而在比较远离电极表面的地方，电极表面的阻滞作用消失，液流流速为 u_0，如图 4-9 所示。

从 $u=0$ 到 $u=u_0$ 所包含的液流层，即靠近电极表面附近的液流层叫作"边界层"，其厚度以 δ_B 表示。δ_B 的大小与电极的几何形状和流体动力学条件有关。根据流体力学理论，可以推导出下列近似关系式

$$\delta_B \cong \sqrt{\frac{\nu y}{u_0}} \qquad (4\text{-}26)$$

式中，u_0 为液流的切向初速度；ν 为动力黏滞系数，又称为动力黏度系数，$\nu = \dfrac{黏度系数\ \eta}{密度\ \rho}$；$y$ 为电极表面上某点与冲击点 y_0 的距离。

由式（4-26）可以看出，电极表面上各点处的 δ_B 的厚度是不同的，距离

冲击点越近，则δ_B厚度越小；而距离冲击点越远，则δ_B的厚度越大，如图4-10所示。

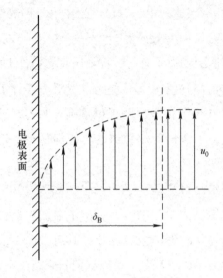

图4-9 电极表面上切向液流速度的分布

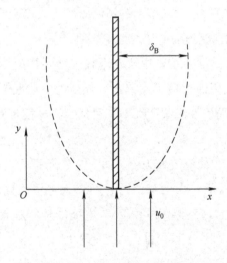

图4-10 电极表面上边界层的厚度分布

根据扩散传质理论，在紧靠电极表面附近有一薄液层，存在反应物粒子的浓度梯度，这一薄液层被称为"扩散层"，厚度以δ表示。δ是由电极上的一定点到电极底边距离的函数，即电极高度的函数，如图4-11所示。在δ层中溶液并不是静止的，其流速与离开电极表面的距离近似地呈线性变化关系。

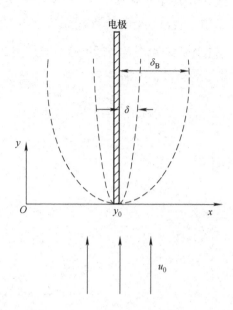

图 4-11 电极表面上边界层 δ_B 与扩散层 δ 的厚度

扩散层与边界层的关系，如图 4-11 所示。扩散层包含在边界层之内。但必须注意，这是两个完全不同的概念。扩散层中存在着反应物粒子的浓度梯度，能实现反应物从一个液层往另一个液层的传递，传质速度大小取决于反应物粒子的扩散系数 D。而边界层中存在着速度梯度，能实现动量从一个液层往另一个液层的传递，动量传递速度的大小决定于溶液的动力黏度系数 ν。ν 和 D 数值相差很大，对大多数溶液来说，ν 约为 $10^{-2}\,cm^2/s$，D 通常为 $10^{-5}\,cm^2/s$，ν 比 D 大 3 个数量级，说明运动的传递比反应物粒子通过扩散进行的传递更为有效。因此，δ_B 也比 δ 要大得多。

由流体动力学可推算出它们之间的关系 [见式 (4-26)]，即扩散层厚度大约是边界层厚度的 0.1 倍。当然，扩散层厚度 δ 值不仅取决于液体流速，而且也取决于电极的几何形状、整个体系及引起溶液流动所用的方法。

$$\frac{\delta_B}{\delta} = \left(\frac{D}{\nu}\right)^{\frac{1}{3}} = \left(\frac{10^{-5}}{10^{-3}}\right)^{\frac{1}{3}} = \frac{1}{10} \tag{4-27}$$

针对我们所讨论的情况，由以上分析可知，当 $x > \delta$ 时，反应物粒子完全由切向对流实现传质；而在 $x < \delta$ 处，即在扩散层内，主要靠扩散作用来实现

传质。但在扩散层以内，溶液流速不为零，即仍有小流速存在，因此也存在一定程度的对流传质作用。所以，对真实电化学体系而言，扩散层与对流层重叠，在扩散层内，与电极表面距离 x 不同的各点处，对流的速度也不相同。因此，各点浓度梯度也不是常数，如图 4-12 所示。

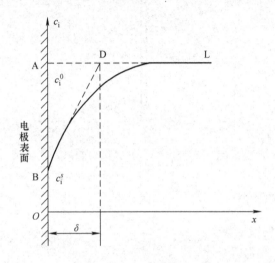

图 4-12　电极表面附近液层中反应粒子浓度的实际分布

既然各点浓度梯度不同，而且扩散层边界也不明确，那么扩散层厚度如何计算呢？在这种情况下，通常采用近似处理。根据紧靠电极表面处（$x = 0$）（此处 $u = 0$，不受对流影响）的浓度梯度来计算扩散层厚度的有效值，也就是计算扩散层的有效厚度。

由图 4-12 可知，点 B 浓度为 c_i^s，AL 所对应的浓度为 c_i^0，自点 B 作 BL 的切线与 AL 相交于点 D，图 4-14 中的 AD 表示扩散层的有效厚度 $\delta_{有效}$。经这种近似处理后，得

$$\left(\frac{\mathrm{d}c_i}{\mathrm{d}x}\right)_{x=0} = \frac{c_i^0 - c_i^s}{\delta_{有效}} = 常数 \tag{4-28}$$

或

$$\delta_{有效} = \frac{c_i^0 - c_i^s}{\left(\dfrac{\mathrm{d}c_i}{\mathrm{d}x}\right)_{x=0}} \tag{4-29}$$

经过这种处理，就可以用 $\delta_{有效}$ 代表扩散层厚度 δ。

根据前面的分析，将式（4-26）代入式（4-27）中，可以得到

$$\delta \approx D_i^{\frac{1}{3}} \nu^{\frac{1}{6}} y^{\frac{1}{2}} u_0^{-\frac{1}{2}} \tag{4-30}$$

式（4-30）中的 δ 是对流扩散层的厚度。按式（4-30）计算的 δ 与式（4-29）中的 $\delta_{有效}$ 大致相等，所以 $\delta_{有效}$ 中已包含了对流对扩散的影响。

从式（4-30）可以看出，对流扩散中的扩散层厚度 δ 与理想扩散中的扩散层厚度 δ 不同，它不仅与离子的扩散运动特性 D_i 有关，而且还与电极的几何形状（与 y_0 的距离 y）及流体动力学条件（u_0 和 ν）有关。这就说明，在扩散层 δ 中的传质运动，确实受到了对流作用的影响。此外，从式（4-30）与式（4-26）的对比中还可以看出，扩散层厚度 δ 与边界层厚度 δ_B 也不同，δ_B 只与 y、u_0 和 ν 有关，而 δ 除与上述三个因素有关之外，还与 D_i 有关。这就说明，在扩散层 δ 内，确实有扩散传质作用。所以我们说，在对流扩散的扩散层中，既有扩散传质作用，也有对流传质作用，这与理想条件下的稳态扩散是完全不相同的。

4.5.2 非稳态扩散

即使能够建立稳态扩散过程，也必须先经过非稳态扩散过程的过渡阶段。所以，要完整地研究扩散过程动力学规律，必须研究非稳态扩散过程。

研究非稳态扩散过程有着十分重要的意义。一是可以通过研究非稳态扩散过程，进一步了解稳态扩散过程建立的可能性和所需要的时间；二是在现代电化学测试技术中，为了实现快速测试，往往直接利用非稳态扩散过程阶段。因此，掌握非稳态扩散过程的规律是十分重要的。

1. 非克第二定律

稳态扩散与非稳态扩散的主要区别在于，扩散层中各点的反应粒子浓度是否与时间有关。即，在稳态扩散时，$c_i = f(x)$；而在非稳态扩散中，$c_i = f(x,t)$。根据研究稳态扩散过程的思路，要研究扩散动力学规律，就要先求出扩散流量，然后根据扩散流量求出扩散电流密度，最后再求出电流密度与电极电势的关系。研究非稳态扩散的动力学规律，基本上也要按照这种思路来处理。在非稳态扩散中，某一瞬间的非稳态扩散流量可表示为

$$J_i = -D_i \left(\frac{dc_i}{dx} \right)_t \tag{4-31}$$

由于浓度梯度与时间有关，即浓度梯度不是一个常数，所以要求出扩散

流量J_i，就必须首先求出$c_i = f(x,t)$的函数关系，也就是首先要对菲克第二定律求解。而菲克第二定律的数学表达式可由菲克第一定律推导出来。图 4-13 所示为两个平行液面之间的扩散。

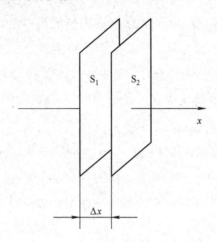

图 4-13　两个平行液面之间的扩散

假设有两个相互平行的液面，两液面之间的距离为 Δx，液面 S_1 和 S_2 的面积都为单位面积，如图 4-13 所示。通过液面 S_1 的扩散粒子浓度为 c，通过液面 S_2 的扩散粒子浓度 $c' = c + \dfrac{dc}{dx}\Delta x$。于是，根据菲克第一定律，流入液面 S_1 的扩散流量为

$$J_1 = -D\frac{dc}{dx} \tag{4-32}$$

而流出液面 S_2 的扩散流量为

$$J_2 = -D\frac{d}{dx}\left(c + \frac{dc}{dx}\Delta x\right)$$
$$= -D\frac{dc}{dx} - D\frac{d^2c}{dx^2}\Delta x \tag{4-33}$$

S_1 和 S_2 两个液面所通过的扩散流量之差，就表示在单位时间内，在相距为 Δx 的两个单位面积之间所积累的扩散粒子的摩尔数，于是有

$$J_1 - J_2 = D\frac{d^2c}{dx^2}\Delta x \tag{4-34}$$

如果将上式除以体积 ΔV（$\Delta V = 1 \times 1 \times \Delta x = \Delta x$），则等于由非稳态扩散而导致

的单位时间内在单位体积中积累的扩散粒子的摩尔数，该数值恰好是 S_1 和 S_2 两液面之间在单位时间内的浓度 $\dfrac{dc}{dt}$，于是有

$$\frac{dc}{dt} = \frac{J_1 - J_2}{\Delta V} = \frac{D \dfrac{d^2 c}{dx^2} \Delta x}{\Delta x} = D \frac{d^2 c}{dx^2} \tag{4-35}$$

若改写成偏微分形式，则有

$$\frac{\partial c}{\partial t} = D \frac{\partial^2 c}{\partial x^2} \tag{4-36}$$

式（4-36）就是大家熟知的菲克第二定律，也就是在非稳态扩散过程中，扩散粒子浓度 c 随距离电极表面的距离 x 和时间 t 变化的基本关系式。

菲克第二定律是一个二次偏微分方程，求出它的特解就可以知道 $c_i = f(x,t)$ 的具体函数关系。而要求出其特解，就需要知道该方程的初始条件和边界条件。由于在不同的电极形状和极化方式等条件下，具有不同的初始条件与边界条件，得到的方程特解也不同，因此要根据不同的情况做具体分析。

2. 平面电极上的非稳态扩散

为了求出非稳态扩散流量，必须先对式（4-36）求解以得出 $c = f(x,t)$ 的具体函数关系，而这种关系又随着电极形状的差异（如平面电极、悬汞电极、丝状电极、旋转圆盘电极等）而不同。对于大多数电化学体系，由电解引起的溶液组分的变化是足够小的，因此，我们认为扩散系数与粒子浓度无关，并且假定电迁移和对流均不存在。

仍然考虑简单的电子转移反应 $O + ne \rightarrow R$。如果讨论的对象是很大平面电极的一小块面积，特点是，与电极平行的液面上各点浓度相同，反应物粒子只沿着 x 方向扩散，溶液体积很大，可以认为在离开电极足够远的液层中，反应物粒子的浓度与通电前相等。根据所讨论的情况，要求解 $c = f(x,t)$ 的函数关系，需要一个初始条件（在 $t = 0$ 时的浓度分布）和两个边界条件（在某一定 x 时的可通用的函数）。典型的初始条件和边界条件如下：

1）初始条件，扩散粒子完全均匀地分布在溶液中，$t = 0$ 时，$c(x,0) = c^0$。

2）边界条件，当 $t > 0$ 时，在距离电极较远处（$x \rightarrow \infty$），扩散粒子的浓度与初始时相同，即 $c(\infty, t) = c^0$。

3）此外，还需要根据极化条件的不同，提出另一个边界条件。如果给电极施加很大的阴极极化电势，使紧靠电极表面的液层中反应物粒子浓度立即降为零，达到极限电流密度，可称之为完全浓度极化。即 $t > 0$ 时，在电极表面（$x = 0$）处，$c(0, t) = 0$。

根据上述的初始条件和边界条件，求出式（4-36）的解为

$$c(x, t) = c^0 \operatorname{erf}\left(\frac{x}{2\sqrt{Dt}}\right) \tag{4-37}$$

这里的"erf"为误差函数，它代表下列定积分

$$\operatorname{erf}(\lambda) = \frac{2}{\sqrt{\pi}} \int_0^\lambda e^{-y^2} \mathrm{d}y \tag{4-38}$$

式中，y 为辅助变量；$\lambda = \dfrac{x}{\sqrt{Dt}}$。

误差函数只能解出近似值，见表 4-1，从表 4-1 中的数据也可直接看出误差函数的基本性质，即，当 $\lambda = 0$ 时，$\operatorname{erf}(\lambda) = 0$；当 $\lambda \to \infty$ 时，$\operatorname{erf}(\lambda) = 1$。一般情况下，只要 $\lambda \geqslant 2$，就有 $\operatorname{erf}(\lambda) \approx 1$。

表 4-1　误差函数的近似值

λ	$\operatorname{erf}(\lambda)$	λ	$\operatorname{erf}(\lambda)$
0.0	0.0000	1.0	0.84270
0.05	0.05627	1.5	0.96611
0.1	0.11246	2.0	0.99532
0.2	0.22270	2.5	0.99959
0.4	0.42839	3.0	0.99998

将式（4-38）改写成

$$\frac{c(x, t)}{c^0} = \operatorname{erf}\left(\frac{x}{2\sqrt{Dt}}\right) \tag{4-39}$$

若将 $\dfrac{c(x, t)}{c^0}$ 作为纵坐标、$\dfrac{x}{2\sqrt{Dt}}$ 作为横坐标，可得出图 4-14 的曲线。

若把图 4-14 中横坐标改为距离电极表面的距离 x，则该图就是电极表面附近液层中反应物粒子浓度的非稳态（暂态）分布图。显然，浓度分布形式与误差函数曲线是相同的，因而也具有相同的性质。即 $x = 0$（相当于 $\lambda = 0$）

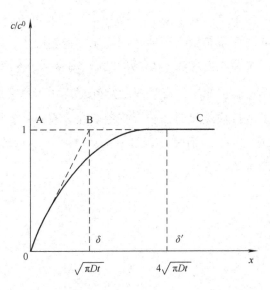

图4-14　电极表面附近液层中反应粒子的暂态浓度分布

处，$c=0$。而在 $x \geqslant 4\sqrt{Dt}\left(\text{相当于 } \lambda = \dfrac{x}{2\sqrt{Dt}} \geqslant 2\right)$ 处，$c=c^0$。

由此可见，在 $x \leqslant 4\sqrt{Dt}$ 的范围内，存在着反应物粒子的浓度梯度，且浓度梯度随时间而变化；在 $x \geqslant 4\sqrt{Dt}$ 的范围内，可以认为反应物粒子浓度基本上不再变化，与初始时的浓度相同。因此，可把 $4\sqrt{Dt}$ 看成是非稳态扩散层的"总厚度"，或称为扩散层的"真实厚度"，以 δ' 表示，即

$$\delta' = 4\sqrt{Dt} \tag{4-40}$$

将式（4-37）对 x 微分，可得

$$\frac{\partial c}{\partial x} = \frac{c^0}{\sqrt{\pi Dt}} \exp\left(-\frac{x^2}{4Dt}\right) \tag{4-41}$$

因为电极反应发生在电极与溶液界面上，故影响非稳态扩散传质的，应当是电极表面即 $x=0$ 处的浓度梯度。

$$\left(\frac{\partial c}{\partial x}\right)_{x=0} = \frac{c^0}{\sqrt{\pi Dt}} \tag{4-42}$$

则在某一瞬间，反应物粒子非稳态扩散的扩散电流密度为

$$I_{\mathrm{d}} = nFD\frac{c^0}{\sqrt{\pi Dt}} \tag{4-43}$$

　　由式（4-43）可看出，随着时间 t 的增大，扩散电流密度 I_d 连续减小，理论上平面电极的非稳态扩散不可能达到稳态，但实际上，除非采取严格的防止对流的措施，否则非稳态扩散传质将很快达到稳态扩散。

　　实际上，当非稳态扩散层的有效厚度达到对流作用所形成的扩散层有效厚度时，非稳态扩散传质就可转入稳态扩散。在只有自然对流的情况下，扩散层有效厚度约为 10^{-4} m，通过计算得出，在自然对流的影响下，只需几 s 就可使非稳态扩散过渡到稳态。

第 5 章

循环伏安法与旋转电极法

5.1 循环伏安法

5.1.1 循环伏安法概述

循环伏安法（Cyclic Voltammetry，CV）是一种研究电极与电解液界面上电化学反应行为的技术手段。该方法控制电极电势以不同的速率随时间以三角波形一次或多次反复扫描，使电极上交替发生不同的氧化和还原反应，并记录电流 – 电势曲线。其广泛应用于能源、化工、冶金、金属腐蚀与防护、环境科学、生命科学等众多领域。该方法测试简单、响应迅速，得到的循环伏安曲线信息丰富，可称之为"电化学的谱图"。其应用包括研究电极反应的性质、电极反应机理、反应速度和电极过程动力学参数等。循环伏安法对于电化学领域的研究极其重要，理解其测试原理，熟悉其测试步骤，掌握其分析应用是每一个电化学人必备的傍身技能。

5.1.2 循环伏安法测量原理

一个完整的电化学体系至少应该包括工作电极、对电极以及电解液。在循环伏安法测试过程中，使用较多的是三电极体系和两电极体系，如图 5-1 所示。这两种测试系统都包含了工作电极（WE）、参比电极（RE）和对电极（CE）。工作电极始终是研究电极；参比电极主要用于测定工作电极的电势；对电极的作用是和工作电极组成回路以通过电流。这两种体系的区别在于：三电极体系中的工作电极、参比电极和对电极单独存在，而两电极体系中的工作电极和参比电极是同一电极。需要注意的是，循环伏安法测试时要求对电极尽量不能影响工作电极上的反应，故一般选择铂这类稳定的物质。而参比电极与工作电极之间不能存在电流，且必须有稳定已知的液接电势，以保证测量工作电极上的电极电势的准确性。

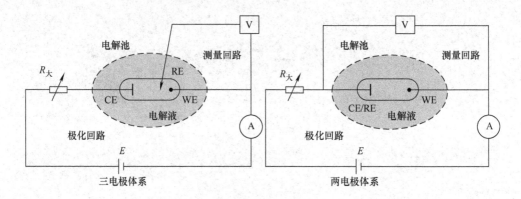

图 5-1　电化学体系示意图

　　循环伏安测试的基本原理是将三角波形的脉冲电压（见图 5-2）作用于工作电极和对电极形成的闭合回路，以一定速率改变工作电极/电解液界面上的电势，迫使工作电极上的活性物质发生氧化/还原反应，从而获得电极上发生电化学反应时的响应电流大小。如果前半部分电势向阴极方向扫描，电活性物质在电极上还原，产生还原波，那么后半部分电势向阳极方向扫描时，还原产物又会重新在电极上氧化，产生氧化波。因此，一次三角波扫描完成一个还原和氧化过程的循环，故该方法称为循环伏安法，其电流 - 电压曲线称为循环伏安图。如果电活性物质可逆性差，则氧化波与还原波的高度就不同，对称性也较差。循环伏安法中电压扫描速度可从每秒数 mV 到几 V。工作电极可用悬汞电极或铂、玻碳、石墨等固体电极。

　　研究电极电势由图 5-2 中的 E_1 起始以速度 v 扫描至 E_λ 时，又以同样的速度 v 进行回扫，扫描至 E_1 停止，记录 $i - E$ 关系曲线。这种方法也叫作三角波电势扫描法。

　　若正向扫描发生的是阴极还原反应 $O + ne^- = R$，反向扫描发生的则是阳极氧化反应 $R = O + ne^-$，循环伏安曲线如图 5-3 所示。通过伏安曲线的形状、峰电流和峰电势的特征，可以研究电极上可能发生的电化学反应，判断电极过程的可逆程度，研究电极表面的吸脱附行为，测量电极过程动力学参量，进行定性和定量分析，所以循环伏安法在电化学研究中得到广泛的应用。

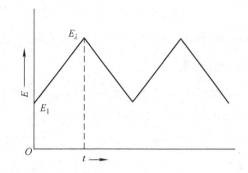

图 5-2 循环伏安法扫描电势波形

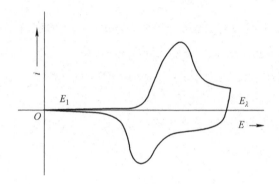

图 5-3 循环伏安曲线

假设初始体系中最初只有一种氧化态物质 O，在工作电极上只存在一种氧化还原反应，那么，在理想状态下，当工作电极电势降低至 O⇌R 反应的标准电极电势时，O 会在电极上得到电子，发生还原反应，生成 R，于是在测量回路中形成电流。由于电极上反应速率强烈依赖于电极电势，而反应电流密度则取决于反应速率和反应物浓度，因此，随着电压不断降低，测量回路中电流增大。继续降低电压，反应物 O 在体系中的浓度降低，因此，反应电流又逐步降低，当 O 完全转化成 R 时，由于 R 不能继续被氧化，即使改变电压也不能迫使 R 发生转化，因此，测量回路中电流又趋近于 0。也就是说，在发生电化学反应的电压区间内，电流是先增大后减小的，最终形成了"峰"。

反之，当逆向扫描时，电压升高至 O⇌R 反应的标准电极电势附近，电极上产生的还原态活性物质 R 又发生氧化反应失去电子，产生氧化峰。因此，循环伏安测试时不同电压范围产生的氧化/还原峰，实质上代表了该电势下电极表面发生的电化学反应。对于某些复杂的电化学反应，其循环伏安曲线上可能存在多个峰，这就表明其电化学过程中反应物可能存在多种相变。

5.1.3 循环伏安法实验技术

循环伏安曲线一般通过电化学工作站测试得到，在测量时需要对于初始电势、上限电势、下限电势、初始扫描方向、扫描速度、扫描段数、采样间隔、静置时间、灵敏度等进行设置。这些参数可以通过测试物出峰的范围以及需求进行设置，通常可以先进行大范围的电位测试，确定出峰位置，然后再选择合适的电势区间。需要注意的是电势范围选择过大会出现水的氧化还原峰，对于测试物出峰会有影响。

循环伏安图中可以得到的几个重要参数是：阳极峰电流（i_{pa}）、阴极峰电流（i_{pc}）、阳极峰电势（E_{pa}）和阴极峰电势（E_{pc}）。测量确定峰值电流 i_p 的方法是：沿基线作切线外推至峰下，从峰顶作垂线至切线，其间高度即为 i_p。E 可直接从横轴与峰顶对应处读取。

对可逆氧化还原电对的矢量电势 $E^{\theta'}$ 与 E_{pc} 和 E_{pa} 的关系为

$$E^{\theta'} = \frac{E_{pa} - E_{pc}}{2} \tag{5-1}$$

而两峰之间的电势差值为

$$\Delta E_p = E_{pa} - E_{pc} \approx \frac{0.059}{n} \tag{5-2}$$

对可逆体系的正向峰电流，由 Randles – Savcik 方程可表示为

$$i_p = 2.69 \times 10^5 n^{3/2} A D^{1/2} v^{1/2} c \tag{5-3}$$

式中，i_p 为峰电流，单位为 A；n 为电子转移数；A 为电极面积，单位为 cm^2；D 为扩散系数，单位为 cm^2/s；v 为扫描速度，单位为 V/s；c 为浓度，单位为 mol/L。

根据式（5-3），i_p 与 $v^{1/2}$ 和 c 都是线性关系，对研究电极反应过程具有重要意义。

在可逆电极反应过程中

$$\frac{i_{pa}}{i_{pc}} \approx 1 \tag{5-4}$$

对一个简单的电极反应过程，式（5-2）和式（5-4）是判别电极反应是否可逆的重要依据。

5.1.4 循环伏安法的应用

1. 电极过程可逆程度的判断

对于可逆电极体系且反应产物稳定，那么循环伏安曲线中的阳极峰电流 i_{pa} 和阴极峰电流 i_{pc} 相等，即 $\dfrac{i_{pa}}{i_{pc}} = 1$。

阳极峰电势 E_{pa} 与阴极峰电势 E_{pc} 之间的距离 ΔE_p，是判断电极反应性的重要参量，对于可逆反应，25℃时，$\Delta E_p = \dfrac{0.059}{n}$，与扫描速度无关，始终维持定值。

如果测试的 $i - E$ 不出现上述特征，则电极上发生的不是可逆反应。在一定的扫描速度下，E_p 随扫描速度 v 的变化而发生较大变化，其不可逆性也较大。不可逆电极反应随着扫描速度的增加，阴极峰电势 E_{pc} 向负向移动，而阳极峰电势 E_{pa} 向正向移动，ΔE_p 随扫描速度的增大而增大，反应的不可逆性越大，则 ΔE_p 越大。

沈等人用循环伏安法研究了钒氧四苯基卟啉（VO – TPP），钒氧四对氯苯基卟啉（VO – TCIPP）和钒氧四吡啶基卟啉（VO – TpyPP）的氧化还原特性（见图5-4）。结果表明，这3种钒氧卟啉化合物的氧化还原过程存在准可逆性，VO – TCIPP 中钒中心离子的还原半波电势为 – 0.781V，卟啉环的还原电

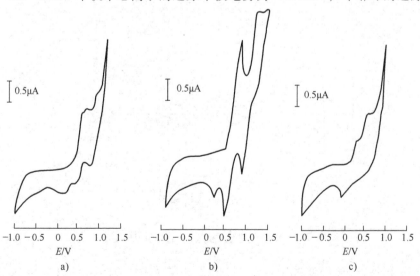

图5-4 3种钒氧卟啉化合物的循环伏安图

a）VO – TPP　b）VO – TCIPP　c）VO – TpyPP

势为 –1.141V。

2. 电极反应与吸脱附行为的研究

研究吸脱附行为在电化学理论研究和电化学工业技术方面都有着十分重要的意义，而且吸脱附现象在燃料电池、电催化、电镀及有机电氧化还原等领域经常被使用，因此，吸脱附现象被广泛地研究。

图5-5是金属铂电极在硫酸溶液中的循环伏安曲线，电压范围在0~1.22V，曲线充分反映了析氢、析氧电极过程的特点以及氢和氧的吸脱附行为。根据不同电势区间电极反应的特征，可将整个曲线分成三个区间：氢区、双电层区和氧区（氧吸附区和氧析出区）。在氢区内发生氢的吸脱附反应，在氧区发生氧的吸附、氧的析出以及吸附氧或氧化物的还原反应，在双电层区只发生双电层的充电或放电过程，而无电化学反应发生。

图5-5的下半部分是自右向左的电势扫描，曲线为阴极分支，在氧区内发生吸附氧或氧化物的电化学还原反应，在氢区首先发生氢离子得电子而生成吸附氢的还原反应，形成氢的吸附峰5和6。如果电势到达0.1V后又继续向更负值扫描，则将出现氢的大量析出。在氧区和氢区之间是一个只存在很小的双电层充放电电流的双电层区。

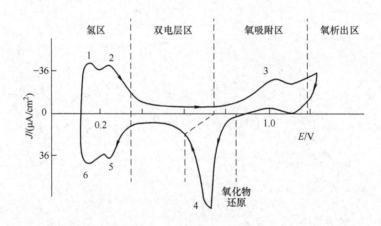

图5-5　铂电极在硫酸溶液中的循环伏安曲线

图5-5的上半部曲线为自左向右进行电势扫描，为阳极分支。在氢区首先发生的是吸附氢的氧化脱附反应，电势扫描至双电层区时，电极上的电流降至很小，只有双电层的充电而没有其他的反应发生。电势扫描到氧区后，

首先发生 H_2O 的电化学氧化生成氧的反应，形成吸附氧层，对应峰3。当电势到达 1.22V 以后，伴随大量氧的析出。在氢区的阴极分支曲线上，出现峰5和峰6，这可能是由于氢在金属铂暴露的（110）和（100）两个晶面上吸附所引起的。氢在这两个晶面上的吸附自由能不同（吸附键的强度不同），因而氢的吸附发生在两个不同的电势之下。首先吸附在铂电极上的氢（峰5）位于氢的低覆盖区，与金属铂形成较强的吸附，称为强吸附氢。当电势继续向反向扫描时，氢离子还原生成的氢原子继续吸附在铂电极的表面，形成峰6，位于氢的高覆盖区。此时的氢原子与铂电极结合得比较弱，容易脱附，称为弱吸附氢。

在阳极分支上存在两个氢的吸附峰1和2，它们与阴极分支上吸附的氧化脱附峰6和5相对应，弱吸附氢很容易脱附。所以，当电势改为正向扫描时，弱吸附氢（峰6）首先发生氢的还原反应，形成脱附峰1。电势继续向正向扫描，强吸附氢（峰5）才开始发生还原反应，形成脱附峰2。两个吸附峰与两个脱附峰的峰电势（峰1与峰6，峰2与峰5）相差甚小，峰电流也近似相等，这表明氢在铂电极上的电化学吸脱附过程接近可逆过程。

由氧区可以看到，阳极分支上吸附氧形成的峰（峰3）与阴极分支上吸附氧（或氧化物）的还原峰（峰4）之间的距离很大，表明氧在金属铂上的吸脱附过程是一个不可逆过程。

3. 定性和定量分析上的应用

对于给定的电极体系，不管反应是否可逆，当电势扫描速度一定时，线性扫描伏安曲线上电流峰的峰电势 E_p 为定值，而峰电流 i_p 总是与溶液中反应物的主体浓度 c_O^0 成正比，利用这一关系可用来进行定性和定量分析。虽然提高扫描速度可以提高 i_p，从而提高分析的灵敏度，但是，随着扫描速度的增加，分析误差也在增大。这是因为，一方面，双电层电容充放电电流 i_c 随扫描速度的增加而增大，这使 i_c 在总的极化电流中所占的比例增大，导致 i_p 在总电流中所占的比例降低。另一方面，因为欧姆极化与通过电极的极化电流成正比，在电流增大至峰值的过程中，欧姆极化也在逐渐增加，这会使实际电极电势的改变速度逐渐减小，导致测得的 i_p 值比理论值低。因此，应用伏安法进行定量分析时，应该注意这两方面的问题。

朱等人采用循环伏安法定性与定量分析水溶液中的微量硼氢根，分析了硼氢化钠（NaBH₄）在金（Au）电极上的电化学氧化还原行为（见图5-6）。在 -0.473V 电势处发现了比较明晰且稳定的 BH_4^- 特征氧化峰，可作为 BH_4^- 存在的定性判据。通过线性伏安扫描，对浓度为 $1.0 \times 10^{-4} \sim 9.0 \times 10^{-3}$ mol/L 的 NaBH₄ 碱性溶液进行测定，发现 NaBH₄ 特征氧化峰的峰值电流与其浓度呈良好的线性关系，相关系数为 0.9984。利用线性伏安法分别对 5.0×10^{-4} mol/L NaBH₄ $+0.10$mol/L NaOH 溶液和 5.0×10^{-3} mol/L NaBH₄ $+0.10$mol/L NaOH 溶液平行测定 5 次，所得结果的平均相对误差分别为 3.18% 和 1.63%，相对标准偏差分别为 2.38% 和 1.88%。

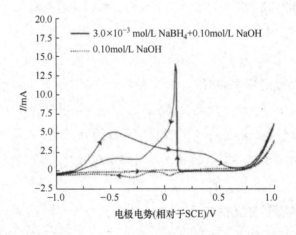

图 5-6　NaBH₄ 碱性溶液和 NaOH 溶液的循环伏安曲线（扫描速度 50mV/s）

吴等人采用循环伏安法定性分析矿物中某元素的硫氧化物占比。根据硫化矿和氧化矿在电解液为硫酸钠的三电极体系中循环伏安曲线的差异，建立了循环伏安法定性分析矿物中某元素硫氧化物占比的方法，以铜的硫化物（黄铜矿）和氧化物（孔雀石）纯矿物进行循环伏安法测试（见图5-7）。结果表明，在扫描速率 0.1V/s、扫描电压范围 $-0.8 \sim 0.8$V 时，黄铜矿循环伏安曲线出现氧化还原峰，孔雀石循环伏安曲线未见明显氧化还原峰；黄铜矿和孔雀石混合物循环伏安曲线上的氧化还原峰电势与单一黄铜矿的氧化还原峰电势几乎一致，但峰电位对应的电流大小与矿物占比存在一定的关系。由此，可以通过循环伏安法定性判断混合矿中黄铜矿与孔雀石的占比，实现循环伏安法定性分析矿物中某元素的硫氧化物占比。

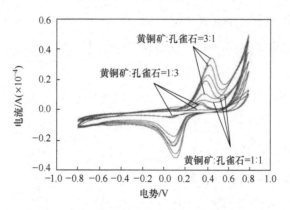

图 5-7　黄铜矿与孔雀石不同占比时的循环伏安曲线

5.2　旋转电极法

5.2.1　旋转电极概述

在电化学技术中，若电极相对于电解质溶液保持静止不动，称为静止电极技术。若电极和电解质溶液相对运动，称为流体动力学技术。旋转电极一般包括旋转圆盘电极（或称转盘电极）和旋转环盘电极，是常用的流体动力学技术。旋转圆盘电极只有一圆盘，旋转环盘电极则在圆盘外围设置一个圆环，盘与环之间只有很小的间隙，圆盘或环盘围绕中心轴旋转，转速由一个旋转系统调节和测量。

旋转圆盘电极主要用于电化学的流体动力学研究（或称动态力学、稳态力学研究等），实际应用主要在燃料电池、电镀、金属腐蚀等领域，也会应用在动态电化学技术研究领域。

旋转环盘电极主要是用作机理研究的，例如，当反应过程中有中间产物产生，在圆盘电极上产生的中间物种就会扩散到环电极上，从而对其进行检测。

5.2.2　旋转圆盘电极

旋转圆盘电极（Rotating Disk Electrode，RDE）是能够把流体动力学方程和对流－扩散方程在稳态时严格解出的少数几种对流电极体系中的一种。制备这种电极相对简单，它是把一个电极材料作为圆盘嵌入到绝缘材料做的管中。例如，一种普遍采用的形式是，将金属铂的圆棒嵌入聚四氟乙烯、环氧树脂或其他塑料中，露出的电极底面经抛光后十分平整光滑，电极经电动机带动可按一定速度旋转，电极结构如图5-8所示。

由于溶液具有黏性，圆盘电极的旋转带动附近的溶液发生流动。溶液的流动可分解为三个方向：由于离心力的存在，溶液在径向以流速 v_r 向外流动；由于溶液的黏性，在圆盘旋转时，溶液以切向流速 v_ϕ 向切向流动；在电极附近这种向外的溶液流动使得电极中心区溶液的压力下降，于是离电极表面较远的溶液向中心区补充，形成轴向流动，流速为 v_y。上述三个方向的流速与电极转速、溶液黏度有关，也与离开电极表面的轴向距离 y 有关，v_r 和 v_ϕ 还与径向距离 r 值有关，r 越大其值也越大。旋转圆盘附近的液流情况示意图如图5-9所示。

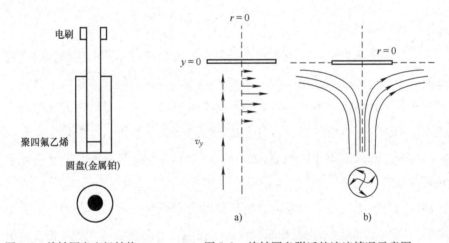

图5-8　旋转圆盘电极结构　　　　图5-9　旋转圆盘附近的液流情况示意图

a）旋转圆盘附近的流速的矢量表示　b）总流线（或流动）的示意图

在到电极表面的轴向距离相同的各处，溶液的轴向流动速度是相同的，或者说，电极水平表面各处的强制对流状况相同，因此，可以形成整个电极表面上的均匀扩散层厚度，并且这一扩散层厚度可以通过调节转速而人为控制。

根据流体动力学理论，可以推导出扩散层的有效厚度 δ：

$$\delta = 1.61\, D_0^{1/3} \nu^{1/6} \omega^{-1/2} \tag{5-5}$$

式中，D_0 为反应物的扩散系数，单位为 $cm^2 \cdot s^{-1}$；ν 为溶液的动力黏度，单位为 $cm \cdot s^{-1}$；ω 为旋转圆盘电极的旋转角速度，单位为 $rad \cdot s^{-1}$。

根据菲克第一定律 $i = nFAD_0 \dfrac{C_0^* - C_0^s}{\delta}$，可以得到扩散电流为

$$i = 0.62 nFAD_0^{2/3} \nu^{-1/6} (C_0^* - C_0^s) \omega^{1/2} \tag{5-6}$$

极限扩散电流 i_d 为

$$i_d = 0.62 nFAD_0^{2/3} \nu^{-1/6} C_0^* \omega^{1/2} \tag{5-7}$$

令 $B = 0.62 nFAD_0^{2/3} \nu^{-1/6}$，则式（5-6）和式（5-7）可写为

$$i = B(C_0^* - C_0^s) \omega^{1/2} \tag{5-8}$$

$$i_d = B\, C_0^* \omega^{1/2} \tag{5-9}$$

严格地讲，上述数学关系式只适用于一个无限薄的薄片电极在无限大的溶液中旋转的情况。但当圆盘的半径比 Prandtl 表层（是指电极表面附近由于电极的拖动使得液径流速随着趋近电极表面而逐渐减小的液层）厚度大得多，而且电解液至少超过圆盘边缘几 cm 以上时，上述数学关系式仍然近似成立。如果电极圆盘被嵌在绝缘物中，而且它们在同一表面上连续平滑，则可以使边缘效应减到最小。

上述数学关系式只适用于溶液流动满足层流条件，且自然对流可以忽略的情况。为了保证层流条件，圆盘表面的粗糙度与 δ 相比必须很小，即要求电极表面具有高光洁度，表面液流不会出现湍流。在远大于旋转电极半径范围内不得有任何障碍物，而且旋转电极应当没有偏心度。当 Luggin 毛细管很细，轴向地指向电极表面，而且尖端距离表面 1cm 以上时，并不会显著干扰流体动力学性质。如果 Luggin 毛细管离电极表面太近，会引起湍流；太远，则会增大溶液欧姆压降。

为了保证层流条件，并且自然对流可以忽略，必须选择适当的转速范围。当转速在 10r/min 以下时，自然对流不可忽略；转速太高，高于 10000r/min 时，容易引起湍流。

由于旋转圆盘电极在整个电极表面上给出均匀的轴向流速 v_y，因而整个表面上的扩散层厚度是均匀的。如果辅助电极的位置放置不当，圆盘电极表面上电流密度的分布就未必均匀。为了使电流密度分布均匀，辅助电极最好也做成圆盘形状，其表面与旋转圆盘电极表面平行，而且在不违背其他的条件时，尽可能靠近旋转电极表面。

旋转圆盘电极性能的优劣可通过一些性质已知的体系进行校验，例如，可使用 $K_3(FeCN)_6/K_4(FeCN)_6$ 体系。从式（5-7）可知，在性能良好的旋转圆盘电极上测得的 $i_d - \omega^{1/2}$ 关系曲线应为通过原点的直线。

旋转圆盘电极应用很广，由式（5-7）可知，若 n、D_0、ν 中任意两个参数已知，就可用旋转圆盘电极法求出其余一个参数。为此，通常测定不同转速下的 i_d，然后用 $i_d - \omega^{1/2}$ 作图，应得一条直线，从直线的斜率可求出相应参数。

对于某些体系，由于浓差极化的影响，在自然对流条件下，无法用稳态极化曲线测定电极动力学参数。但如果采用旋转圆盘电极，随着转速的提高，可使本来为扩散控制或混合控制的电极过程转变为传荷过程控制，这时就可以利用稳态极化曲线测定动力学参数。

如果提高转速后，电极过程仍然处于混合控制区，则可以利用外推法消除浓差极化的影响，在混合控制条件下的强极化区，电极过程动力学关系式为

$$i = \left(1 - \frac{i}{i_d}\right) i^\theta \exp\left(-\frac{\alpha n F}{RT}\eta\right) \tag{5-10}$$

显然，$i_e = i^\theta \exp\left(-\frac{\alpha n F}{RT}\eta\right)$ 是没有浓差极化存在时的阴极还原电流，将其代入式（5-10），得到

$$i = \left(1 - \frac{i}{i_d}\right) i_e \tag{5-11}$$

进一步改写为

$$\frac{1}{i} = \frac{1}{i_e} + \frac{1}{i_d} \tag{5-12}$$

将式（5-9）代入式（5-12），得到

$$\frac{1}{i} = \frac{1}{i_e} + \frac{1}{BC_O^*}\omega^{-1/2} \tag{5-13}$$

在强阴极极化电势范围内，给定一个超电势 η_1，用 $\frac{1}{i}-\omega^{-1/2}$ 作图，得到一条直线，由直线斜率可以求出扩散系数 D_O，由直线截距可得 η_1 所对应的 i_{e1}；给定一个超电势 η_2，用 $\frac{1}{i}-\omega^{-1/2}$ 作图，由所得直线的截距可得 η_2 所对应的 i_{e2}；反复测量，可以得到一系列对应的 η、i_e 数据，用 $\eta-i_e$ 作图，得到无浓差极化存在时的强阴极极化稳态极化曲线，利用 Tafel 直线外推法可求出 i^θ 和 α。

旋转圆盘电极还可用于测定不可逆电极反应的反应级数，而不需要改变反应物的浓度，当反应物为气体时，更能体现这一方法的优越之处。在强阴极极化区，阴极电流可写为

$$i = k(C_O^s)^p \tag{5-14}$$

式中，k 为阴极反应的速率常数；C_O^s 为反应物的表面浓度；p 为反应级数。

对于旋转圆盘电极，由式（5-8）和式（5-9）可得

$$C_O^s = \frac{i_d - i}{B\omega^{1/2}} \tag{5-15}$$

将式（5-15）代入式（5-14），并取对数，得到

$$\lg i = \lg k - p\lg B + p\lg\left(\frac{i_d - i}{\omega^{1/2}}\right) \tag{5-16}$$

在强阴极极化区的某一超电势 η 下，测定不同转速 ω 下的阴极电流 i，用 $\lg i - \lg\left(\frac{i_d - i}{\omega^{1/2}}\right)$ 作图，应得一条直线，直线的斜率即为该电极反应的反应级数。

此外，采用旋转圆盘电极还可以判断电化学反应的控制步骤。在某一极化超电势 η 下，若随着旋转圆盘电极转速的增加，反应的电流增加，则说明是扩散控制或混合控制。用 $\frac{1}{i}-\omega^{-1/2}$ 作图，若得到过原点的直线，说明是扩散控制；用 $\frac{1}{i}-\omega^{-1/2}$ 作图，若得到不过原点的直线，说明是混合控制。若 ω

改变，而 i 并不随之改变，则说明是传荷过程控制。

旋转圆盘电极在电结晶过程、添加剂和整平剂作用机理、氧化膜的形成以及金属腐蚀等方面也有广泛的应用。

5.2.3　旋转环盘电极

旋转环盘电极（Rotating Ring – Disk Electrode，RRDE）的结构如图 5-10 所示。整个电极可划分为三个区域：中央的环盘 I （半径 r_1），环盘之间的绝缘间隙 II （内半径 r_1，外半径 r_2），环电极 III （内半径 r_2，外半径 r_3），三个区域均具有光滑表面，且在同一平面。

旋转环盘电极的盘电极的电流 – 电势特性不因环的存在而受到影响。由于 RRDE 实验包括测定两个电势（盘电势 E_D 和环电势 E_R）和两个电流（盘电流 i_D 和环电流 i_R），故 RRDE 实验通常用双恒电势仪来进行，它可以独立地调节 E_D 和 E_R （见图 5-11）。

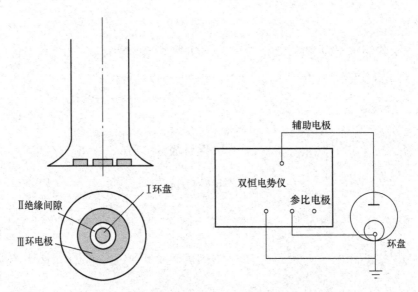

图 5-10　旋转环盘电极的结构示意图　　图 5-11　RRDE 测试装置示意图

RRDE 可工作在两种工作模式下。最常见的一种是收集模式，环电极作为一个就地检测装置，盘上产生的产物、中间产物可在环上检测到。另一种模式是屏蔽模式，即环电极上的电活性物质流量受到盘反应的干扰。

1. 收集实验

盘电极电势维持在 E_D，其上发生 $O + ne^- \rightarrow R$ 的反应，产生阴极电流 i_D。环电极维持足够正的电势 E_R，使到达环上的任何 R 都能立即被氧化，发生 $R \rightarrow O + ne^-$ 的反应，并且在环表面上 R 的浓度完全为零。在此条件下，环电流 $-i_R$ 和盘电流 i_D 的比值代表了在盘上产生的 R 有多少能在环上被收集到，该比值称为收集效率（collection efficiency），用符号 N 来表示：

$$N = \frac{-i_R}{i_D} \tag{5-17}$$

N 仅决定于 r_1、r_2 和 r_3，与 ω、C_O^*、D_O、D_R 等参数无关，因而可由电极的几何尺寸进行计算。

对于确定的 RRDE 电极，若产物 R 稳定，则可由实验测定 $N = \frac{-i_R}{i_D}$，对于这一电极而言，N 是恒定的。例如，对于 $r_1 = 0.187\text{cm}$、$r_2 = 0.200\text{cm}$ 及 $r_3 = 0.332\text{cm}$ 的 RRDE，$N = 0.555$，即在环上可收集 55.5% 的盘上产物。当绝缘层厚度 $(r_2 - r_1)$ 减小，环尺寸 $(r_3 - r_2)$ 增大时，N 值增大。

2. 屏蔽实验

在盘电极处于开路时，O 还原为 R 的环电极极限扩散电流 i_{Rd}^θ 为

$$i_{Rd}^\theta = 0.62nF\pi(r_3^3 - r_2^3)^{2/3} D_O^{2/3} \nu^{-1/6} C_O^* \omega^{1/2} \tag{5-18}$$

O 还原为 R 的盘电极极限扩散电流 i_{Dd} 为

$$i_{Dd} = 0.62nF\pi R r_1^2 D_O^{2/3} \nu^{-1/6} C_O^* \omega^{1/2} \tag{5-19}$$

令 $\beta = \dfrac{r_3^3 - r_2^3}{r_1^3}$，则

$$\frac{i_{Rd}^\theta}{i_{Dd}} = \left(\frac{r_3^3 - r_2^3}{r_1^3}\right)^{2/3} = \beta^{2/3} \tag{5-20}$$

当盘电流 i_D 不为零时，流到环上的反应物 O 的流量将会减少，减少值应当同收集实验中盘电极产物 R 流到环上的流量 Ni_D 相同。此时，环电极的极限扩散电流 i_{Rd} 将会比 i_{Rd}^θ 更小。

$$i_{Rd} = i_{Rd}^\theta - Ni_D \tag{5-21}$$

当盘电流为极限扩散电流 i_{Dd} 时，根据式（5-21）可得相应的环电极极限

扩散电流

$$i_{Rd} = i_{Rd}^{\theta} - N i_{Dd} \tag{5-22}$$

将式（5-20）代入式（5-22），可得

$$i_{Rd} = i_{Rd}^{\theta}(1 - N\beta^{-2/3}) \tag{5-23}$$

式（5-23）说明，当盘电流为其极限值 i_{Dd} 时，环电流要减小一个因子 $(1 - N\beta^{-2/3})$，该因子总是小于1，称为屏蔽因子（shielding factor）。

5.2.4　旋转电极的测试方法与应用

1. 氧化还原反应动力学求算

Cheng 等人设计合成了一种 N、P 共掺杂的缺陷碳纳米片（N，P−DC），并用于锚定酞菁铁形成复合催化剂。碳的缺陷位增强了 Fe 中心的高自旋状态，使该催化剂在碱性介质表现出优异的氧化还原反应（Oxygen Rective Reaction，ORR）性能——半波电势高达 0.903V，起始电势和极限电流密度均高于商业 Pt/C，同时具有良好的稳定性。

推导过程如下：

1）根据 K−L（即，Koutechy−Levich）方程（校正传质）求出动力学电流（i_K）。

2）把 i_K 对催化剂载量/活化面积归一化，求得质量比活性（j_m）或面积比活性（j_k）；这两组参数可用来比较不同催化剂的活性。

3）把 j_m 或 j_k 取对数，再对电势作 Tafel 图，通过 Tafel 斜率和截距进一步计算传递系数，交换电流密度。

2. 活性评价

Han 等人设计在 ZIF−8 生长过程中嵌入 Fe−Phen，惰性气氛高温热解后可获得 Fe−N_x−C 单原子催化剂，如图 5-12 所示，在氧化还原反应中的半波电势为 0.91V，远高于商业 Pt/C(0.82V)。Fe−N_x−C 用于锌空电池的阴极，同样表现出优异的电化学性能。半波电势 $E_{1/2}$ 与催化剂载量密切相关；电流密度 j_m 或 j 用来评价催化剂更客观。

关于电流密度需要注意的是：

1）极化曲线用电极几何面积归一化，不同催化剂应该可以达到相同的极限电流。

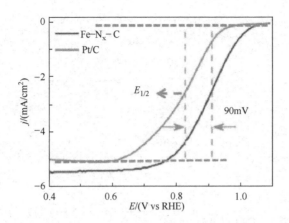

图 5-12　Fe – N_x – C 和 Pt／C 催化剂在 O_2 饱和 0.1 M KOH 中的 ORR 极化曲线，

转速为 1600r／min，扫描速率为 5mV／s

2）计算 j_k 要先算 i_K，再用电极活化面积来归一化。

3）催化活性的比较，要取纯电化学控制区，或者混合控制区的数据，不能使用极限电流。

4）由于传质影响大，所取电势区间对应的电流与极限电流接近时，极小的测量误差也会引起较大的结果差异。因此，使用 K – L 方程进行计算时，最好电势能高于 $E_{1/2}$。

$$\frac{1}{i} = \frac{1}{i_K} + \frac{1}{i_L} \rightarrow i_K = \frac{i_L \times i}{i_L - i}$$

i_L 与 i 太接近，分母接近 0，测量误差大。

3. 氧还原的选择性（H_2O_2 产率）

Gong 等人通过电纺丝结合再经钴掺杂获得 $LaMn_{0.7}Co_{0.3}O_{3-x}$ 催化剂，优化后的 LMCO – 800 具有分层多孔纳米管结构，表现出良好的 ORR／OER 性能。如图 5-13 所示，RRDE 计算表明该催化剂在 ORR 过程中平均转移电子数为 3.8，接近四电子反应。这是由于高比表面积和一维纳米结构有利于 O_2 快速扩散，促进电解液的渗透，改善电子转移过程。

Pt 单原子催化剂能够使 O_2 电催化还原发生两电子过程而生成 H_2O_2，尤其是具有高浓度的 Pt 单原子催化剂有望在该反应中表现出超高的催化活性和选择性，从而使电催化合成 H_2O_2 的实际应用成为可能。

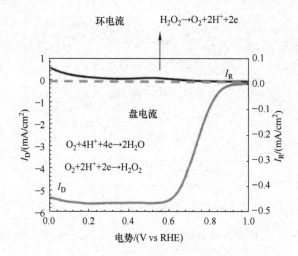

图 5-13　RRDE 上 LMCO - 800 催化剂的线性扫描伏安曲线（1600r/min）

第6章

电化学交流阻抗测试技术

6.1　电化学交流阻抗测试基础

电化学交流阻抗也叫作电化学阻抗谱（Electrochemical Impedance Spectroscopy，EIS），是指施加不同频率小振幅的交流正弦电势波或电流波，与此同时，检测电化学系统中的电流或者电势随正弦波角频率 ω 的变化，通过推测研究对象的等效电路，进一步分析电化学系统的反应机理、获得电化学体系中的相关参数。

6.2　电化学交流阻抗测试简介

6.2.1　定义

电化学阻抗示意如图 6-1 所示，人们将一个未知内部结构的物理系统看作黑匣子，在这个黑匣子里面，存在未知的东西和结构，为了弄清楚这些，人们在这个黑匣子的输入端施加一个扰动信号，在其输出端得到一个响应信号。如果黑匣子的内部结构满足线性关系，则输出端得到的响应信号就是该物理系统中扰动信号的函数，该函数满足线性关系。

图 6-1　电化学阻抗示意图

因此，在科学研究中，传递函数被称为对物理系统的扰动与响应之间的关系的函数。其中，一个系统的传递函数，由系统的内部结构所决定，且反映了这个系统的一些性质。通过对传递函数的研究，可以研究物理系统的性质，获得关于这个系统内部结构的信息。

如果扰动信号 X 是一个小幅度的正弦波电信号，那么响应信号 Y 则为一个同频率的正弦波电信号。此时的传递函数 $G(\omega)$ 被称为频率响应函数，Y 与 X 之间的关系可以用式（6-1）来描述：

$$Y = G(\omega)X \qquad (6\text{-}1)$$

$G(\omega)$ 为角频率 ω 的函数，反映了物理系统的频率响应的特性，由物理系统的内部结构决定，可以从 $G(\omega)$ 随角频率的变化情况获得物理系统内部的有用信息。

如果扰动信号 X 为正弦波电流信号，而响应信号 Y 为正弦波电势信号，则称 $G(\omega)$ 为物理系统的阻抗，用 Z 表示；如果扰动信号 X 为正弦波电势信号，而响应信号 Y 为正弦波电流信号，则称 $G(\omega)$ 为物理系统的导纳，用 Y 表示，阻抗和导纳互为倒数关系，$Z = 1/Y$。

6.2.2 三大前提条件

频率响应函数 $G(\omega)$ 在测试过程中必须满足三个前提条件，分别为因果性、线性以及稳定性。

1）因果性是指电化学阻抗测试的响应信号由施加的扰动信号引起，但是在日常测试过程中会出现其他测试信号或者测试系统本身不稳定的情况，往往很难发现。

2）线性是指电化学阻抗测试要求被测体系处于线性响应区（施加的扰动信号和响应信号都应尽可能的小），如果施加的信号太大，就会进入非线性响应区。

3）稳定性是指电化学阻抗测试过程中，样品的电化学性质不会因施加信号而发生变化。如果电化学性质发生改变导致测试数据不正常，往往也很难发现。

在电化学阻抗测试过程中，这三个前提条件发生改变时，测得的电化学阻抗数据往往是不真实的，而且在三大前提条件中，因果性和稳定性往往是很难发现的，所以，在日常电化学阻抗测试过程中，要对数据的真实性进行 Kramers – Kronig 验证。

6.3 电化学阻抗谱的发展与应用

Oliver Heaviside 首次将拉普拉斯变换方法应用到电子电路的瞬态响应，由此开创了阻抗谱的应用先河。使用交流信号对电路进行激励，并测量电路的响应。通过对电路的响应分析，可以确定电路的参数（如，电容、电感和电阻等），并应用到电子电路中。在经过漫长的发展后，电化学阻抗谱应用广泛，涉及的领域也很多，包括能源材料研究、电化学腐蚀研究、光 – 电催化研究、材料电性能研究等。在不同的应用领域中，图 6-2 展示了 20 ~ 21 世纪电化学阻抗谱的发展与应用，在不同的应用领域中研究学者往往选择不同的模型来解释研究体系背后的机理和物理意义。该技术为各领域研究提供指导，在推动自然科学发展方面具有重大意义。

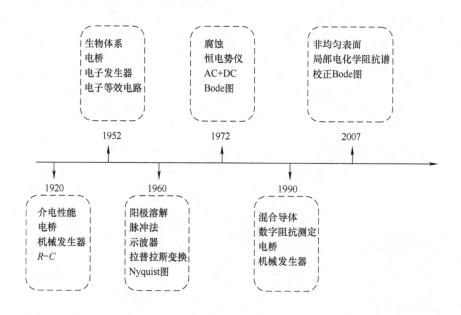

图 6-2　20 ~ 21 世纪电化学阻抗谱的发展与应用

6.4　电化学阻抗谱基本原理

6.4.1　复数概念回顾

形如 $a+b(a,b \in \mathbf{R})$ 的数叫作复数，其中 a、b 分别是它的实部和虚部。若 $b=0$，则 $a+bi$ 为实数；若 $b \neq 0$，则 $a+bi$ 为虚数；若 $a=0$ 且 $b \neq 0$，则 $a+bi$ 为纯虚数。其中，复数的模值用式（6-2）表示为

$$|Z| = \sqrt{a^2 + b^2} \tag{6-2}$$

复数的相位是指复数在复平面上的角度，通常使用弧度（rad）或度数（°）表示，其中，相位角用式（6-3）表示为

$$\tan\theta = \frac{b}{a} \tag{6-3}$$

复数有三个表示法，分别为坐标表示法、三角表示法和指数表示法。

1）坐标表示法。

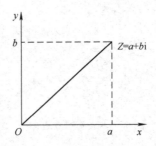

2）三角表示法。

$$|Z| = \sqrt{a^2 + b^2} = \frac{a}{\cos\phi} = \frac{b}{\sin\phi} \tag{6-4}$$

$$Z = a + bi = |Z|\cos\phi + i|Z|\sin\phi \tag{6-5}$$

3）指数表示法。

$$Z = |Z|e^{j\phi} \tag{6-6}$$

6.4.2　电工学基础

一个正弦交流信号由一个旋转的矢量来表示，如图 6-3 所示，矢量 $\dot{E}$ 的长度 E 是其幅值，旋转角度 ωt 是相位。在任一时刻，该旋转的矢量在某一特定轴（通常选择 90°轴）上的投影，即为这一时刻的电压值，此电压值随时间

按正弦规律变化，可用函数表示为

$$\widetilde{E} = E\sin(\omega t) \tag{6-7}$$

式中，ω 是角频率，在常规频率中 $\omega = 2\pi f$。这一正弦电压信号随时间的变化曲线如图6-4所示。

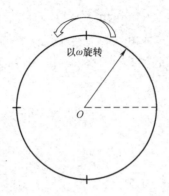

图6-3　电压值随时间按正弦规律变化

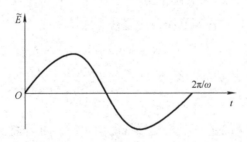

图6-4　正弦电压信号随时间的变化曲线

由于正弦交流电信号具有矢量的特性，所以可用矢量的方式来表示正弦交流信号。在一个复数平面里，用 1 表示单位长度的水平矢量，用虚数单位 $j = \sqrt{-1}$ 表示单位长度的垂直矢量，而对于一个幅值为 E 且从水平位置旋转了 ωt 角度的矢量 $\dot{E}$，在复数平面中可以表示为

$$\widetilde{E} = E\cos(\omega t) + jE\sin(\omega t) \tag{6-8}$$

式中，$E\cos(\omega t)$ 是这个矢量在实轴（水平方向）上的投影；$E\sin(\omega t)$ 是这个矢量在虚轴（竖直方向）上的投影。

根据欧拉公式表示的矢量也可以写成复指数的形式

$$\widetilde{E} = E\exp(j\omega t) \tag{6-9}$$

当在一个线性电路两端施加一个正弦交流电压 $\widetilde{E} = E\exp(j\omega t)$ 时，流过该电路的电流可以表示为

$$\widetilde{i} = I\exp[j(\omega t + \phi)] \tag{6-10}$$

式中，ϕ 为电路中的电流 $\widetilde{i}$ 与电路两端的电压 $\widetilde{E}$ 之间的相位角，如果 $\phi > 0$，电流的相位超前于电压的相位；如果 $\phi < 0$，则电流的相位滞后于电压的相位。

由于 $\widetilde{i}$ 与 $\widetilde{E}$ 之间的关系，可以确定这个线性电路的阻抗为

$$Z = \frac{\widetilde{E}}{\widetilde{i}} = \frac{E}{I}\exp(-j\phi) = |Z|\exp(-j\phi) \tag{6-11}$$

所以，一个线性电路的阻抗也是一个矢量，这个矢量的模为

$$|Z| = \frac{E}{I} \tag{6-12}$$

而其相位角为 $-\phi$，也称之为阻抗角。

也可将式（6-11）按照欧拉公式展开

$$Z = |Z|(\cos\phi - j\sin\phi) = Z_{Re} - jZ_{Im} \tag{6-13}$$

式中，Z_{Re} 称为阻抗的实部，Z_{Im} 称为阻抗的虚部。

$$Z_{Re} = |Z|\cos\phi \tag{6-14}$$

由上述可知，在测量一个线性系统的阻抗时，可以测定模和相位角，也可以测定其实部和虚部。

6.4.3 电路元件

人们在研究电化学交流阻抗的过程中，会涉及各类电路元件，这些电路元件具有科学意义，由这些元件构成的等效电路就成为分析交流阻抗谱图的理论基础。

表6-1列出了常见的电路元件，包括电阻、电感、电容，以及它们的阻抗表达式、在 Bode 图中阻抗模量和相位的特征曲线、在 Nyquist 图中实部与虚部的呈现形式。

表 6-1　常见电路元件

电路元件	Nyquist 图	Bode 图
电阻 R		
电感 L		
电容 C		

6.4.4　电化学阻抗谱的种类

通常情况下，电化学阻抗谱因图形绘制的不同，具有很多种类，但常见的电化学阻抗谱包括 Nyquist 图和 Bode 图。

Nyquist 图中，横轴代表阻抗的实部，纵轴代表阻抗的虚部，如图 6-5 所示。

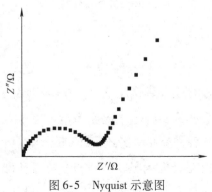

图 6-5　Nyquist 示意图

Bode 图由两条曲线组成。一条曲线描述阻抗的模随频率的变化关系，即 $\lg|Z|-\lg f$ 曲线，称作 Bode 模图，如图 6-6 所示；另一条曲线描述阻抗的相位角随频率的变化关系及 $\phi-\lg f$ 曲线，称作 Bode 相图，如图 6-7 所示。通常，Bode 模图和 Bode 相图要同时提供，这样才能完整描述阻抗的特征。

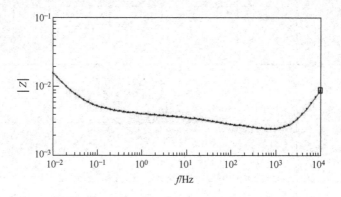

图 6-6 $\lg|Z|-\lg f$ 曲线

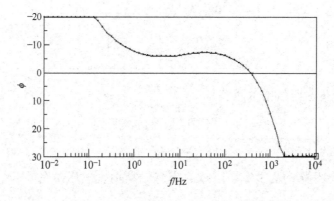

图 6-7 $\phi-\lg f$ 曲线

6.4.5 等效电路

由 6.4.3 节描述的电路元件，我们大致了解了电阻、电感和电容等知识。如果能用电路元件和电化学元件来组成一个电路，而且它的阻抗谱测得的电化学阻抗谱一样，那么我们就称这个电路为这个电极过程的等效电路，而所用的电路元件或电化学元件就叫作等效元件。

等效电路是指以电路元件电阻、电容和电感为基础，通过串联和并联组成电路来模拟电化学体系发生的过程，其阻抗行为与电化学体系的阻抗行为相似或等同。其实电化学反应是一个相当复杂的体系，在电极表面进行着电荷的转移，体系中同时还发生着化学变化和组分浓度的变化等。这种体系显然与简单的电路元件如电阻、电感和电容等的电路完全不同。其一，R 表示等效电阻，单位为 $\Omega \cdot cm^2$。其二，作为等效元件，在有些情况下，等效电阻的参数值可以是负数。电化学阻抗谱中的等效电容的阻纳与电路元件中的电容的阻纳相同，用符号 C 表示，作为电化学中的等效电路，其参数值是对应于单位电极面积的电容值。单位为 F/cm^2。此外，其他的特征与电路元件中的电容一样，参数值总是正值。电感只有虚部，没有实部，在 Nyquist 图上，以第四象限中的一条与纵轴重合的直线表示，见表6-1。电化学阻抗谱中的等效电感的特征与电路元件中的电感相同，用符号 L 表示。等效电感的参数值 L 是相应于单位电极面积的数值，单位是 $H \cdot cm^2$，它的特征与电感特征一样。它的阻抗在 Nyquist 图上呈现为第四象限的一条与纵轴重合的垂直线，见表6-1。

值得注意的是，电极与溶液之间的双电层，一般用一个等效电容来表示，但是事实上，固体电极的双电层的阻抗行为与等效电容的阻抗行为有一定的偏离。这种现象一般称为"弥散效应"，用符号 Q 表示。其中，Q 有两个参数，一个是参数 Y_0，单位为 $\Omega^{-1} \cdot cm^{-2} \cdot s^{-1}$，由于 Q 是用来描述等效电容 C 的参数发生偏离时的等效元件，所以它的参数与等效电容的参数 C 一样，总是取正值，其数值一般为 $0.6 < n < 1$。若 $n = 0$，则表示电阻；若 $n = 1$，则表示电容；若 $n = 0.5$，则代表着由半无限扩散引起的 Warburg 阻抗。

6.5 电化学阻抗谱测试方法

6.5.1 电化学阻抗谱测试方法简介

电化学阻抗谱是在电化学电池处于平衡状态（开路状态）或者在某一稳定的直流极化条件下，按照正弦规律施加小幅度的交流激励信号，研究电化学的交流阻抗随频率的变化关系，称为频率域阻抗分析法。

电化学阻抗谱的特点是，由于采用小幅度的正弦电势信号对系统进行干扰，电极上交替出现阳极和阴极过程，二者作用相反，因此，即使扰动信号长时间作用于电极，也不会导致极化现象的积累性发展和电极表面状态的积累性变化。

因此，EIS法是一种"准稳态方法"，由于电势和电流之间存在线性关系，测量过程中电极处于准稳态，使得测量结果的数学处理简化；EIS也是一种频率域测量方法，可测定的频率范围很宽，因而比常规电化学方法得到更多的动力学信息和电极界面结构信息。

6.5.2 电化学阻抗数据测量技术

1. 频率域的测量技术

频率域测量技术是指在每个选定频率的正弦激励信号作用下，分别测量该频率下的电化学阻抗，即逐个频率测量电极阻抗。

目前市场上常用的锁相放大器和频响分析仪，它们均是根据相关分析原理，应用相关接收器对正弦交流信号和电势信号进行比较，检测出两个信号的同相和90°相移成分，得到电化学阻抗的实部和虚部。相关接收器是核心器件，主要包括乘法电路和积分电路，前者用来实现两个信号的相乘，后者用来对相乘后得到的信号进行积分。

通常来说，一个电化学反应的过程，在采用电化学交流阻抗法时，要求测量频率范围至少达到2~3个数量级。如果涉及更慢的溶液扩散和吸附情况时的阻抗，通常需要更低频率才能追踪到完整的反应过程。整个测试时间为几十min甚至更长。然而，在如此长的时间里，被测的电化学体系却很难保持不变。所以，建立时间短、频率范围宽的电化学交流阻抗谱的方法，对于电化学研究具有重大意义。其中，根据时频转换原理，应用时间域的阻抗测量技术可以达到这种要求。

2. 基于快速傅里叶变换的时间域的测量技术

快速傅里叶变换（Fast Fourier Transform，FTT）是指离散傅里叶变换的快速算法，将一个连续信号或离散信号分解为一系列正弦和余弦函数的叠加，通过将信号分解为不同频率的正弦和余弦分量，得到信号在频域上的表示。可用函数表示为

$$y(t) = \frac{a_0}{2} + \sum_{n=1}^{\infty} \left[a_n \cos(2\pi f_0 t) + b n \sin(2\pi f_0 t) \right] \tag{6-15}$$

或

$$y(t) = A_0 + \sum_{n=1}^{\infty} A_n \sin(2\pi f_0 t + \phi_n) \tag{6-16}$$

式中，A_n 是频率为 nf_0 的正弦矢量的幅值；ϕ_n 为相角；A_0 是直流偏置。这种级数称为傅里叶级数。

　　根据这一原理，可以把所有需要的频率下的正弦信号合成一个假的随机的白噪声信号，再叠加直流极化电势后，共同施加到电化学体系上，产生一个暂态的电流响应信号。对这两个暂态的激励信号，在响应信号分别测量后，应用傅里叶变换给出两个信号的谐波分布，即激励电势信号的幅值以及傅里叶分布中每一个频率下电流所对应的幅值和相角，也就是同时得到了在某一直流极化电势下多个频率的电化学阻抗。

　　实际测量中使用的激励噪声信号，是由相位随机选择的奇次谐波合成的假的随机的白噪声信号。选择奇次谐波，可以保证在响应电流信号中不出现二次谐波；每个谐波的幅值是相等的，可以保证各谐波具有相同的权重；同时，由于相位是随机选择的，可以保证合成出来的激励信号在幅值上不会有大的波动。

6.5.3　电化学阻抗数据处理

1. 阻抗数据处理的意义

　　电化学阻抗谱其实是一种研究电极的反应动力学和电极界面现象的一种常用的并且非常重要的电化学测试技术。该测试的其中一个目的是，根据测量得到的电化学阻抗谱图，确定电化学阻抗谱的等效电路模型或数学模型，结合其他的电化学测量方法，推测电极系统中包含的动力学过程和内部机理；另一个目的是，如果已经建立了一个合理的数学模型或者等效电路，那么就确定数学模型中有关参数或等效电路中有关元件的参数值，进而估算有关过程的动力学参数或有关体系的物理参数。电化学交流阻抗数据处理包括两个步骤：①确定模型类型；②根据模型确定相关参数。这两个步骤相互关联又有机结合。

　　根据情况的差异，阻抗的数据处理又有两种不同的途径：

　　1）我们已经知道了模型类型，或者根据阻抗谱特征，能大致判断模型类型。在这种情况下，阻抗数据处理途径为：确定模型；根据模型进行拟合，得到相关参数值。

2）选择等效电路作为阻抗谱的物理模型，而且阻抗谱较复杂时，不清楚对应于测得的阻抗谱频谱的等效电路是由哪些等效元件以何种方式连接组成时，先逐个求解阻抗谱中各个时间常数所对应的等效元件参数，推断可能的等效电路模型，再根据模型进行曲线拟合，确定参数。

无论哪种途径，曲线拟合是阻抗谱数据处理的核心关键，必须解决阻纳频谱曲线拟合问题。由于阻纳是频率的非线性函数，一般采用非线性最小二乘法进行拟合。

2. 阻纳数据的非线性最小二乘法拟合原理

电化学阻纳 G 是角频率 ω 及 m 个参量 G_1，G_2，$\cdots$，G_m 的非线性复变函数。

$$G = G(\omega, G_k) = G'(\omega, G_k) + jG''(\omega, G_k) \qquad k = 1,2\cdots,m \quad (6\text{-}17)$$

式中，$G'(\omega, G_k)$ 和 $G''(\omega, G_k)$ 分别是复变函数的实部和虚部。在复平面上，电化学阻抗 $\boldsymbol{G}$ 是一个矢量。因此，电化学阻抗谱的最小二乘法拟合，就是求得 m 个参数的最佳估计值，并使得阻抗测量值与阻抗计算值之间的矢量差的平方和最小，使目标函数 S 值最小。

$$S = \sum_{i=1}^{n} (q_i - G_i)^2 = \sum_{i=1}^{n} (q_i' - G_i')^2 + \sum_{i=1}^{n} (q_i'' - G_i'')^2 \qquad (6\text{-}18)$$

式中，n 为阻抗谱的数据点数，应大于 m。

同其他的非线性最小二乘法拟合一样，阻抗谱的拟合也将待定参数的问题转化为待定参数的初始值与最佳估算值之差的问题，并在将函数作线性近似后，由目标函数最小时必须满足的条件建立关于 Δ 的线性方程组。

$$
\begin{aligned}
a_{11}\Delta_1 + a_{12}\Delta_2 + \cdots + a_{1m}\Delta_m &= b_1 \\
a_{21}\Delta_1 + a_{22}\Delta_2 + \cdots + a_{2m}\Delta_m &= b_2 \\
a_{m1}\Delta_1 + a_{m2}\Delta_2 + \cdots + a_{mm}\Delta_m &= b_m
\end{aligned}
\qquad (6\text{-}19)
$$

不同的是，对于阻抗这样的矢量，式（6-19）中的系数 a_{ki}、b_k 分别由式（6-20）和式（6-21）给出。

$$a_{ki} = \sum_{i=1}^{n} \left(\frac{\partial G_i'^0}{\partial C_k} \frac{\partial G_i^0}{\partial C_i} + \frac{\partial G_i''^0}{\partial C_k} \frac{\partial G_i^0}{\partial C_i} \right) \qquad (6\text{-}20)$$

$$b_k = \sum_{i=1}^{n} \left[(g_i' - G_i'^0) \frac{\partial G_i'^0}{\partial C_k} + (g_i'' - G_i''^0) \frac{\partial G_i''^0}{\partial C_k} \right] \qquad (6\text{-}21)$$

因此，只要关于电化学阻抗谱的数学模型已经选定，给出阻抗的表达式，就可以根据测得的阻抗数据，测量频率以及给定的参数初始值，由式（6-20）和式（6-21）求得式（6-19）中的各个系数并求得 $\Delta_k(k = 1, 2, \cdots, m)$ 的值。将 Δ_k 代入式（6-17），可求得 C_k 的估算值。

$$C_k = C_k^0 + \Delta_k(k = 1, 2, \cdots, m) \tag{6-22}$$

从其他的非线性最小二乘法拟合的例子可知，只要初始值 C_k^0 选得比较合适，那么，每次迭代求得的一组 Δ_k 会越来越小，直到可以忽略，这时，从式（6-22）计算得到 C_k 可认为已近似等于最佳估算值。

3. 等效电路模型解析方法

等效电路法具有简单直观、易于理解等优点，在多领域广泛应用，但是由于解析过程严谨性和可靠性方面的不规范，不严谨的等效电路模型反而误导对电极过程的认识。为了使这一方法能够有效使用，有必要理解该方法的物理基础和应用规范。其中，电极过程–阻抗响应–等效电路并非一一对应，等效电路模拟方法建立模型的合理性，必须从阻抗谱响应一致性和电化学过程一致性进行检验。阻抗谱响应一致性是指等效电路模型阻抗谱响应必须与电极过程测量的响应一致；电化学过程一致性是指等效电路模型是电极过程的动力学描述，必须与电极过程特征一致。科学使用等效电路解析方法，首先需要理解电化学过程、电化学阻抗谱响应和模拟等效电路模型之间的关系，这是建立合理可靠等效电路模型的基础。

4. 数学模型解析方法

由于阻抗谱与等效电路之间并非一一对应的关系，例如，两个时间常数的阻抗谱就可以与两种等效电路对应，这就给等效电路的求解以及等效电路模型的选定带来困难。

在电极系统的非法拉第阻抗仅来自电极系统双电层电容的情况下，整个电极系统的阻抗可以由下式表示为

$$Z = R_s + \frac{1}{j\omega C_{dl} + Y_F} \tag{6-23}$$

式中，Y_F 为电极系统的法拉第导纳；C_{dl} 为双电层电容；R_s 为溶液电阻。其中，任何一个电极系统的法拉第阻纳谱与法拉第阻抗的一般数学表达式的某

一组参数值有着唯一对应关系。对于存在两个时间常数的阻抗谱，法拉第导纳的表达式为

$$Y_F^0 = \frac{1}{R_s} + \frac{B}{a + j\omega} \tag{6-24}$$

用这个数学模型进行数据处理可得到 R_s、C_{dl}、R_t、B、a 等参数的值。这组参数值与给定的阻抗谱有唯一对应的关系。

在电极系统的非法拉第阻纳仅为双电层电容，且该系统的电极过程不受传质过程影响的情况下，该系统的电化学阻抗谱中包含的时间常数个数与影响电极系统表面反应的状态变量个数有关。若影响电极反应的状态变量只有电极电势一个，则其 EIS 图只含有一个时间常数；若影响电极反应的除了电极电势之外还有另一个状态变量，则其电化学阻抗谱中就包含两个时间常数。因此，在这种情况下，很容易根据阻抗谱所包含的时间常数来确定其对应的数学模型。

通常情况下，Warburg 阻抗是指平面电极的半无限扩散阻抗。此外，在平面电极的情况下，还有有限层扩散阻抗和阻挡层扩散阻抗，其中，后面两种在阻抗平面上的频响特征相对复杂得多，表现为一段频率范围内为倾斜的直线，另一段频率范围内为圆弧或转向垂直线，用常相位角元件（Constant Phase Angle Element，CPE）表示。通常情况下，在含有 Warburg 阻抗并且在阻抗平面上的频响曲线的低端出现一条直线时，我们将选择半无限扩散的数学模型进行处理，用一个 CPE 表示。电极的表面反应的法拉第阻抗表达式可根据阻抗谱中含有的时间常数个数确定。总之，数学模型方法处理阻抗数据时，确定阻抗谱所对应的数学模型要比确定一个等效电路容易。因此，只要选取的模型对数据拟合是可靠的，那就说模型的选择就是正确的；反之就是不合适的，需重新选择模型。

6.5.4　电化学阻抗谱应用

电化学交流阻抗测试技术（即电化学阻抗谱技术）应用广泛，涉及的领域也很多，包括能源材料研究、电化学腐蚀研究、光－电催化研究、材料电性能研究等。在不同的应用领域中，研究学者往往选择不同的模型来解释研究体系背后的机理和物理意义，为各领域研究提供指导，在推动自然科学发

展方面具有重大意义。

1. 锂离子电池研究方面

电化学交流阻抗测试技术在能源材料方面应用广泛，包括各类型金属离子电池、燃料电池、超级电容器、锂硫电池、金属空气电池、太阳能电池等界面反应，效率、容量、充放电倍率、循环寿命、失效机制、安全性、一致性、电池管理等方面研究，以及动力电池全生命周期快速分级梯次利用评估。

在锂离子电池研究过程中，电化学交流阻抗测试技术提供了对电极材料、电解质材料、界面和集流器的解读，从而加速了这一技术在关键领域的发展。所提到的表征技术不仅限于锂基电池，而且可以扩展到任何碱金属离子/碱金属可充电电池，除了电极和电解质的固有特性外，电池的性能（可循环性、容量、充放电速率、循环寿命）也受到其界面的驱动，特别是在固态电池中，这些接口是一个关键因素。电化学交流阻抗测试技术可用于研究电池的界面，因为它可以用来监测离子电导率和扩散在电池不同组成部分的变化。锂电池的主要界面是集流体/电极（正或负）、电极（正或负）/电解质，以及固态电池电解质内部的界面（无机/有机、颗粒之间或晶界界面）。对于工业上的商用锂离子电池，利用电化学交流阻抗测试技术来优化形成过程，主要涉及通过控制电流密度、电压和温度在阳极侧创建稳定的固体 – 电解质界面（Solid Electrolyte Interphase，SEI）。对于一个充满锂离子的电池，所有单独的部分都可以使用电化学元件进行组合，如图 6-8 所示。

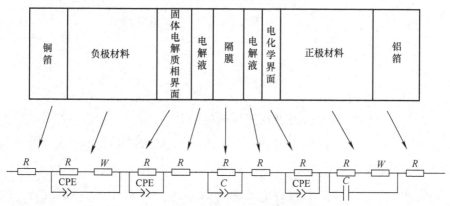

图 6-8　锂离子电池等效电路模型

用于拟合 EIS 数据的最实用等效电路如图 6-9 所示。该电路考虑了电池片、焊接点、电解液的电阻等。这个更简单的模型可以准确地拟合 EIS 数据，并轻松地确定 SEI 的贡献，以及由于阴极和阳极电化学过程引起的电阻。

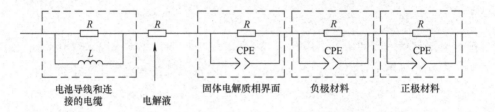

图 6-9　锂离子电池等效电路简易模型

铝和铜由于其稳定电压窗口和电子导电性，分别成为正极和负极的主要集流材料。然而，这些金属在使用过程中容易遭受腐蚀和破裂。电化学交流阻抗谱法可以用来观察由于铝腐蚀导致的电阻增加。交流阻抗响应可以使用图 6-10 所示的等效电路进行拟合，该等效电路考虑了电解质溶液电阻（R_1）、原生 Al_2O_3 层或涂层（CPE_1 和 R_2）的电容和电阻、电荷转移过程（CPE_2 和 R_3）、腐蚀坑的形成和扩展（CPE_3 和 R_4），它们与 Warburg 阻抗（W，即韦伯阻抗）相关联，以模拟锂离子的有限扩散过程。

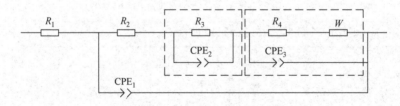

图 6-10　金属腐蚀等效电路模型

由于电解液和/或正极材料在循环时的降解，在正极/电极 – 电解质界面（Cathode Electrolyte Interface，CEI）处形成了一层表面层。该界面通常是在循环时使用三电极电池进行的。这种结构下，阴极的电化学交流阻抗响应由两个半圆组成。可以使用的等效电路由电解质溶液电阻（R_1）、高低频范围（R_{HF}、R_{LF} 和 CPE_{HF}、CPE_{LF}）的两个电阻和常相位角元件以及 Warburg 阻抗（W）组成，它复制了锂离子在固体电极中的扩散，如图 6-11 所示。

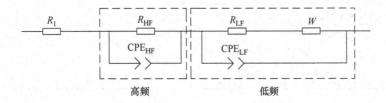

图 6-11　正极材料 SEI 膜等效电路模型

作为锂离子电池关键正极材料，$LiCoO_2$、$LiFePO_4$ 和 $LiMn_2O_4$，它们的离子和电子导电性至关重要，在过去几十年里，研究学者们为了得到这些关键数据，采取了诸多策略。电化学交流阻抗谱法就是一个重要代表，其中，不同正极材料的扩散系数见表 6-2。在考虑提高正极材料的电化学性能（如容量、循环寿命和倍率能力）时，都必须考虑正极材料的电导率和离子电导率。通常，由于扩散对充放电速率起着非常重要的作用，因此许多研究学者都致力于提高离子电导率，因为高离子电导率将允许锂离子快速扩散到正极材料中。表 6-3 总结了三种不同正极材料的锂离子扩散系数和电导率的平均值。当比较上述材料的电化学交流阻抗曲线时，最显著的差异是阻抗大小，其中，$LiFePO_4$ 为数十 Ω，$LiMn_2O_4$ 为数百 Ω，$LiCoO_2$ 为数千 Ω。

表 6-2　锂离子电池正极材料扩散系数

正极材料	扩散系数（cm^2/s）	简单描述
C – coated Li_xFePO_4	1.27×10^{-16}（$x=0$）	未包覆的磷酸铁锂材料具有低扩散系数
	8.82×10^{-18}（$x=0.9$）	
	5.95×10^{17}（5 圈循环）	碳包覆的磷酸铁锂材料保持较好的扩散系数
	5.54×10^{-17}（50 圈循环）	
$Li_xMn_2O_4$	$0.7 \times 10^{-8} \sim 3.4 \times 10^{-8}$	氧化处理产生更细的颗粒：这是不利的
$LiAl_xMn_{2-x}O_4$	2.7×10^{-11}（$x=0$）	Al 掺杂使扩散路径收缩，扩散系数降低
	26×10^{-11}（$x=0.125$）	
	8.0×10^{-12}（$x=0.25$）	
	4.4×10^{-12}（$x=0.375$）	
$Li_{1-x}FePO_4$	$4.97 \times 10^{-16} \sim 9.13 \times 10^{-15}$（$0.1 < x < 0.9$）	脱锂的影响
	$1.91 \times 10^{-15} \sim 1.29 \times 10^{-14}$（$0.1 < x < 0.9$）	

表 6-3　锂离子电池正极材料锂离子扩散系数和电导率

正极材料	$D_{Li}/(\text{cm}^2/\text{s})$	$\sigma/(\text{S/cm})$
$LiCoO_2$	$10^{-10} \sim 10^{-8}$	10^{-4}
$LiMn_2O_4$	$10^{-11} \sim 10^{-9}$	10^{-6}
$LiFePO_4$	$10^{-14} \sim 10^{-8}$	10^{-9}

对于固体电解质/正极界面，使用高压正极时，电解液的分解也是一个问题（如 NMC811 使用 b–Li_3PS_4 固体电解质）。然而，该界面的主要限制是空间电荷层产生的显著阻力。由于锂离子从电解液向电极扩散的速度很慢，这种纳米离子效应强烈地影响了电池的整体性能。事实上，当固体电解质（如硫化物电解质）与高压正极（如 $LiCoO_2$）接触时，由于化学势和锂离子相互作用的差异（电解质内锂离子的电位较低，吸引力较弱），锂离子从电解质向正极扩散。锂离子在电解液界面处的耗尽将产生一个高电阻层。这种现象导致了固态电池在高倍率性能（充电/放电倍率）方面的重要限制。为了克服这些问题，使用固体锂离子导电材料（如，$LiNbO_3$、$Li_4Ti_5O_{12}$、Li_3PO_4–xNx、$Li_7La_3Zr_2O_{12}$ 和 $LiNb_{0.5}Ta_{0.5}O_3$）在电极上进行涂层，可以屏蔽电解质与正极的接触，并使锂离子在该界面上更好地分布，$LiCoO_2$ 上有氧化物缓冲层。缓冲层减少了硫化物固体电解质中锂耗尽层的形成，并且由于在该 CEI 处锂离子的扩散更好而且降低了界面电阻，这使得正极电阻显著减小，如图 6-12 中的 $Li_{3.25}Ge_{0.25}P_{0.75}S_4$ 电解质所示。然而，如果氧化物缓冲层太厚（大约在 5nm 以上），与固体电解质相比，其锂离子电导率较低，电阻增加。

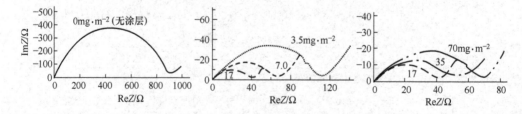

图 6-12　$Li_{3.25}Ge_{0.25}P_{0.75}S_4$ 电解质电化学交流阻抗谱图

一个稳定的 SEI 可以通过形成的钝化层来防止电解质的进一步降解。然而，这种 SEI 大多数时候是不稳定的，在充放电循环中生长，会破坏电极表面，由于石墨剥离导致容量损失，并通过锂枝晶的形成和生长短路。通过在充电/放电周期中进行 EIS 测定，可以很容易地在半电池（相对于锂金属）中研究 SEI 的形成和演化，扣式半电池的使用是最常见的（石墨作为工作电极，锂金属作为对电极）。为了拟合半电池中石墨电极的 EIS 数据，等效电路至少应包含电解液电阻（R_s）、SEI 膜的电阻和电容（R_{SEI} 和 Q_{SEI}）、电荷转移电阻（R_{ct}）、石墨颗粒上的双电层电容（Q_{dl}），以及模拟锂离子在石墨电极中扩散的 Warburg 或电容（Q_D）。如图 6-13 所示，使用碳酸乙烯、FEC、LiTFSI、LiFSI、LiFTFSI、DPOF 和三亚甲基亚硫酸铁等添加剂，可以获得阻力更低和/或长期稳定性更高的 SEI。此外，对石墨进行预处理，也可用于提高石墨负极的可循环性。

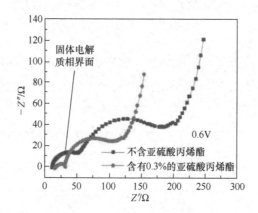

图 6-13　石墨半电池（对电极为锂金属）在 1mol/L 的六氟磷酸锂电解液中
（其中碳酸乙烯酯与碳酸甲乙酯的体积比为 1:1），在 0.6V 下，
分别测试不含亚硫酸丙烯酯和含有 0.3% 的亚硫酸丙烯酯时的阻抗图

在复合电解质中，可以观察到由聚合物和无机相之间的界面产生的高电阻率。这种电阻率可能是由于颗粒和聚合物基体之间的接触产生的，可以通过图 6-14 所示（聚合物/陶瓷）来确定。发现空间电荷效应在该界面上可以忽略不计。

复合材料中锂离子的传导机制取决于陶瓷颗粒的数量和大小，以及聚合物相的组成，主要是，低陶瓷量只会导致聚合物相的传导，而大量的微尺寸陶瓷颗粒可以促进锂离子在具有高界面电阻的颗粒中的扩散。为了降低界面阻力，促进锂离子在聚合物和无机相之间的扩散，采用了增塑剂（如丁二

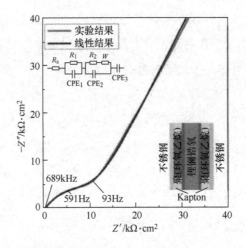

图 6-14　使用三层电池结构（PEO：LiTFSI 膜/LLZO 颗粒/PEO：LiTFSI 膜）

研究 PEO：LiTFSI/LLZO 界面

腈）、液体电解质、特定的陶瓷形状，或离子液体，都可以促进锂离子交换。这种聚合物和无机相之间的界面电阻的减少可以通过 EIS 在对称电池（不锈钢阻塞电极）中观察到，如图 6-15 所示，使用 BMIM – TFSI 离子液体在 PEO 中添加 15 vol% 的 LLZTO（PEO/LLZTO@ IL 与 PEO/LLZTO 相比），即，添加少量的无机材料以达到良好的离子电导率。

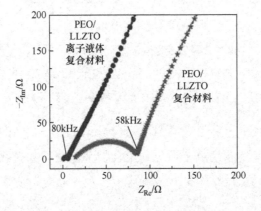

图 6-15　用 BMIM – TFSI 离子液体（IL）润湿 LLZTO 陶瓷填料来

提高 PEO/LLZTO 复合材料的离子电导率

作为一种非破坏性的测试，电化学交流阻抗谱法是一种研究大部分电活性材料（电极、电解质）、SEI 与 CEI 膜的形成机制、锂离子电池集流体

（铝、铜）腐蚀机制、正极材料的离子扩散系数和电导率等的方法。在过去的四十年里，这种方法已经成为电池科学的重要组成部分，成为电池研究的主要工具之一。

2. 半导体光 – 电化学研究

电化学阻抗谱在半导体光 – 电化学研究很多，其中，在半导体电极能带结构等参数确定中得到广泛应用。通过 Mott – Schottky 测试可以确定半导体的类型、载流子浓度以及平带电势。对于 n 型和 p 型半导体满足公式如下：

$$\text{n 型半导体 } C_{SC}^{-2} = \frac{2}{\varepsilon\varepsilon_0 e N_D}\Big(E - E_{fb} - \frac{kT}{e}\Big) \tag{6-25}$$

$$\text{p 型半导体 } C_{SC}^{-2} = -\frac{2}{\varepsilon\varepsilon_0 e N_A}\Big(E - E_{fb} - \frac{kT}{e}\Big) \tag{6-26}$$

式中，E_{fb} 为平带电势；N_D 与 N_A 均为载流子浓度；ε 为相对介电常数；ε_0 为真空介电常数（8.85×10^{-12} F/m）；k 为玻尔兹曼常数（1.380649×10^{-23} J/K）；T 为绝对温度（$273.15 + t$）；e 为单位电荷电量（1.6×10^{-19} C）。在室温下 kT/e 约为 0.026V，可以忽略不计，所以在 $1/C_{SC}^2 - E$ 图中，$1/C_{SC}^2 - E$ 的直线部分延长线与电势 E 轴相交在 E_{fb} 处，由此得到电极的平带电势；利用斜率还可以计算载流子浓度；可以通过 Mott – Schottky 曲线的直线部分斜率的正负值来确定半导体材料类型。

由于制造工艺简单和材料成本低，以及在漫射光条件下发电的出色能力。染料敏化太阳能电池（Dye Sensitized Solar Cells，DSSCs）已然成为第三代光电光伏器件，具有广阔的应用前景。DSSCs 研究的重点包括光电极（PE）的电子传递和重组、电解质中的离子扩散和对电极（CE）的电荷转移的参数。通过对 DSSCs 进行交流阻抗测试，可以分离出串联电阻和扩散复合过程中涉及的参数，包括复合顺序、导带边缘和陷阱分布参数。

3. 金属腐蚀方面研究

电化学阻抗谱在金属腐蚀方面研究很多，包括金属阳极溶解过程中的动力学研究、金属阳极氧化研究、金属局部腐蚀方面研究以及涂层/金属体系的电化学阻抗模型及其演化等，通过电化学阻抗谱揭示了金属腐蚀机理和规律，评价现有腐蚀防护措施效果，预测研究对象的预期寿命，更有利于规避腐蚀事故的发生。

4. 涂层方面研究

20 世纪 80 年代，国际上开始使用电化学阻抗谱来研究涂层与涂层的破坏过程。由于用电化学阻抗谱法可以在很宽的频域范围对涂层进行测量，因而可以在不同的频率段下，通过建立不同的等效电路模型来分别处理各种不同体系、不同涂层浸泡阶段。分别得到涂层电容、微孔电阻以及涂层下基底腐蚀反应电阻、双电层电容等与涂层破坏过程有关的信息，了解涂层防腐机制和防腐效果，对涂层的选型具有很大的指导意义。

第 7 章

暂态测试法

在一段时间范围内，若电极电势、粒子浓度分布等电化学测试系统的参量基本不变或变化极小，那么，这段时间内的这种存在状态则可称为电化学稳态（electrochemical steady – state）。值得注意的是，绝对的稳态是不存在的，其判定的标准是电化学参量变化是否显著。若变化显著，则称为电化学暂态（electrochemical transient），所以，暂态和稳态都是相对而定义的。例如，Zn/Zn^{2+} 的溶解过程，在平衡态（equilibrium state）时，$Zn \rightarrow Zn^{2+} + 2e^-$ 与 $Zn^{2+} + 2e^- \rightarrow Zn$ 的正逆反应速度相同，此时属于特殊的稳态；然而，更多的情况下这两个反应会出现一个极小的速度差，Zn 电极表面还在溶解，只是不显著而已，此时即可称为稳态；而在稳态之前，从旧稳态到新稳态的过程则称为暂态。暂态是相对于稳态而言的，其区分标准是参量变化显著与否。例如，用不灵敏的仪器测量不变化，用高精度仪器测量则变化；短时间内测量不变化，长时间却发生变化。

电极过程中的任一基本过程（如双电层充电、电化学反应或扩散传质等）未达到稳态，都会使整个电极过程处于暂态过程。在暂态过程中，由于时间变量，组成电极过程的各基本过程（如溶液中离子的电迁移过程、双电层充放电过程、电化学反应过程、传质过程等）均处于暂态，描述电极过程的物理量（如电极电势、电流密度、双电层电容、浓度分布等）都可能随时间发生变化，导致暂态过程十分复杂。

暂态不仅可以来自本身的变化，也可以来自外界的扰动。本章讨论的暂态测试技术，特指由外界施加一定的电信号扰动，来对体系的电信号进行测量。根据施加信号的不同，我们可以将暂态测试技术分为控制电流、控制电位、控制电量三种。事实上，由于在控制电流和控制电量的测试方法中，测试的响应信号均为电势；而在控制电势的测试方法中，响应信号为电流。也可将暂态测试技术分为电流测试和电势测试两类。施加的电信号可以为阶跃扰动（如电流阶跃、电势阶跃等），也可为持续扰动（如方波电流、电势扫描）等。

7.1 电流阶跃测试

电流阶跃（current step）是 2016 年公布的化学名词，通过控制电流阶跃测试的方法，习惯上也称为恒电流法，定义为控制工作电流从一个值跃变至另一值。若通过控制研究电极的电流按一定的、具有电流突跃的规律变化，并测量电极电势随时间的变化，就可以进行分析电极过程的机理，计算电极的有关参数或电极等效电路中各元件的数值。

控制通过电极的电流的方式多种多样，为了避免过于复杂的仪器设备和数学处理，电极电流的变化规律不宜复杂。其方法可分为两类，即直流与交流。常用的直流控制电流暂态测试技术有恒电流阶跃和断电流阶跃，其波形如图 7-1 所示。

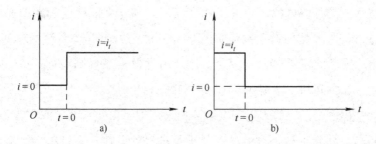

图 7-1　直流控制电流暂态测试技术

a）恒电流阶跃　b）断电流阶跃

1）恒电流阶跃，即在实验开始前，电流为 0。实验开始时（$t=0$），电流由 0 突跃到某数值，同时，开始测量工作电势电极随时间的变化直到实验结束。

2）断电流阶跃，即在开始暂态实验前，通过电极的电流为某一恒定值，当电极过程达到稳态后。实验开始（$t=0$），电极电流 i 突然切断为 0，在电流切断的瞬间，电极的欧姆极化也消失为 0，同时，开始测量工作电势电极随时间的变化直到实验结束。

常用的交流控制电流暂态测试技术有方波电流阶跃和双脉冲电流阶跃，其波形如图 7-2 所示。

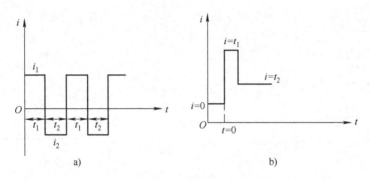

图 7-2　交流控制电流暂态测试技术

a）方波电流阶跃　b）双脉冲电流阶跃

1）方波电流阶跃，电极电流在某一指定恒值 i_1 下持续时间 t_1 后，突然跃变为另一指定恒值 i_2，持续时间 t_2 后，又突变回 i_3 值，再持续时间 t_3。如此反复多次，形成方波电流。当 $t_1 = t_2$，$i_1 = -i_2$ 时，称为对称方波。

2）双脉冲电流阶跃，在暂态实验开始前，电极电流为 0，实验开始（$t = 0$）时，电极电流突然跃变到某一较大的指定恒值 i_1，持续时间 t_1 后，电极电流突然跃变到另一较小的指定恒值 i_2（电流方向不变），直至实验结束。通常 t_1 很短（$0.5 \sim 1\mu s$），且 $i_1 > i_2$。一般情况下，双脉冲电流阶跃法可以提高电化学反应速率的测量上限，这时所测得的标准反应速率常数可达 $k_0 = 10 \text{cm/s}$。

由于暂态系统是随时间变化的，相当复杂，因此，常将电极过程用等效电路来描述。每个电极基本过程对应一个等效电路元件。只要得到等效电路中某个元件的数值，也就知道了这个元件所对应的电极基本过程的动力学参数。这样，就将对电极过程的研究转化为对等效电路的研究。也就是说，将抽象的电化学反应，用熟悉的电子电路来模拟，只要研究通电时的电子学问题就可以了，这样，可以利用已知的电子学知识来解决问题，根据各电极基本过程对时间的不同响应，可以使复杂的等效电路得以简化或解析，从而简化问题的分析和计算。

7.1.1 电流阶跃暂态过程及其特点

恒电流阶跃法是研究最为广泛的暂态测试技术之一, 其电流 – 时间曲线、电势 – 时间响应曲线如图 7-3 所示。本节以单电流阶跃极化下的电势 – 时间响应曲线为例, 通过等效电路法来讨论控制电流阶跃暂态过程。

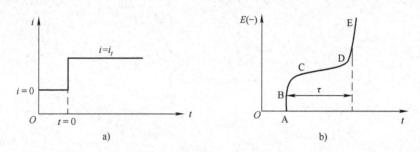

图 7-3 单电流阶跃极化下的控制信号和响应信号

a) 电流 – 时间曲线 b) 电势 – 时间响应曲线

1) AB 段: 当 $t = 0$ 时, 流过电极的电量极小, 不足以改变界面的电荷状态, 因而界面电势差来不及发生改变, 则可认为双电层两侧无电势差, 电势的突跃仅由溶液的欧姆电阻引起。或者可以认为, 电极/溶液界面的双电层电容对突跃的电信号短路, 而欧姆电阻具有电流跟随特性, 其压降在电流突跃 $10^{-12} s$ 后即可产生。

因此, 电极等效电路可以简化为只有一个溶液电阻的形式, 如图 7-4a 所示。电势 – 时间响应曲线上 $t = 0$ 时刻出现的电势突跃是由溶液欧姆电阻引起的, 该电势突跃值即为溶液欧姆压降。

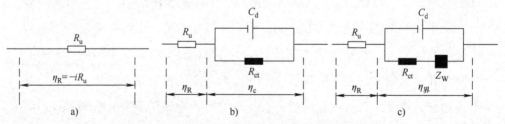

图 7-4 单电流阶跃下响应信号各过程中的等效电路

a) 对应图 7-3b 中的 AB 段 b) 对应图 7-3b 中的 BC 段 c) 对应图 7-3b 中的 CD 段

R_u 为鲁金毛细管口到研究电极之间溶液的欧姆电阻, 当电流流过电极时, 会在 R_u 上产生欧姆电压 iR_u。R_u 反映的是溶液中离子迁移过程的阻力, 它模拟了溶液中离子导电的基本过程。

2）BC 段：当电极/溶液界面上通过电流后，电化学反应开始发生。由于电荷转移过程的迟缓性，引起双电层充电，电极电势发生变化。此时引起电势初期不断变化的主要原因是电化学极化。如图 7-4b 所示，这时，相应的电极等效电路包括溶液电阻和界面上的双电层电阻和电容。

R_{ct} 形象地表示了进行电化学反应所受到的阻力大小。R_{ct} 越大，说明电化学反应越不容易进行。值得注意的是，R_{ct} 不是通常意义上的电阻，也不满足欧姆定律。可以理解为，产生同样的电流，R_{ct} 越大，所需要的过电势越大，即需要的推动力越大，所以 R_{ct} 模拟了电荷转移步骤的基本过程。

C_d 表示界面双电层电容，模拟了双电层充放电的基本过程。双电层是电极和溶液界面上正负电荷的聚集形成的。当电流流过界面时，界面处聚集的电荷发生变化，界面上的电势差也随之改变，这与电容器的充放电过程十分相似，所以，在等效电路中用电容 C_d 来表示电极界面上的双电层。双电层电容是与界面上进行的电极过程紧密联系在一起的。当电流流过电极时，电极首先给双电层充电，界面电势差不断增加，与此同时，电化学反应电流随之增大。当双电层充电完毕时，界面上的电势差不再发生变化，电化学反应电流趋于稳定值。所以等效电路中用 R_{ct} 和 C_d 并联来模拟电极界面处所发生的现象。

3）CD 段：随着电化学反应的进行，电极表面上的反应物粒子不断消耗，产物粒子不断生成，由于液相扩散传质过程的迟缓性，电极表面反应物粒子浓度开始下降，产物粒子浓度开始上升，浓差极化开始出现。这种浓差极化状态随时间由电极表面向溶液本体深处不断发展，电极表面上粒子浓度持续变化。因此，这一阶段电势 – 时间响应曲线上电势变化的主要原因是浓差极化。相应的电极等效电路上还包括电极界面附近的扩散阻抗，如图 7-4c 所示。

Z_W 为浓差极化电阻，也称 Warburg 阻抗。Z_W 模拟的是液相传质步骤的基本过程。随着电化学反应的不断进行，浓差极化产生并逐渐加大，一方面反应粒子的扩散会遇到阻力（R_W），另一方面反应粒子的扩散过程类似于电容器的充电过程，因此，整个扩散过程常用 Z_W 来模拟一个漏电电容器。

4）DE 段：随着电极反应的进行，电极表面上反应物粒子的浓度不断下降，当电极反应持续一段时间后，反应物的表面浓度下降为零，达到了完全浓差极化。此时，电极表面上已无反应物粒子可供消耗，在恒电流的驱使下达到电极界面的电荷不能再被电荷转移过程所消耗，因此，改变了电极界面上的电荷分布状态，也就是对双电层进行快速充电，电极电势发生突变，直至达到另一个电荷转移过程发生的电势为止。从开始恒电流阶跃到电极电势发生突跃的时间称为过渡时间（transition time），记作 τ，表示在恒电流极化条件下，使电极表面反应粒子浓度降为零所需要的时间。

从上述分析可以看出，欧姆极化（电阻极化）、电化学极化和浓差极化这三种极化对时间的响应各不相同。欧姆极化响应最快，电化学极化响应次之，浓差极化响应最慢。也就是说，电极极化建立的顺序依次是欧姆极化、电化学极化和浓差极化。

通过上述分析还可以发现，暂态过程具有以下特点：

（1）暂态具有暂态电流，即双电层充电电流，如图 7-5 所示

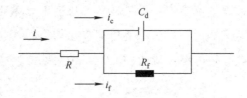

图 7-5　暂态电流示意图

极化电流包括两个部分，一部分用于电极表面电化学反应的电荷传递的法拉第电流（i_f），符合法拉第定律，即每电化当量的电化学反应产生的电量为一个法拉第。另一部分用于双电层充电，双电层电荷改变所产生的非法拉第电流，即双电层充电电流，也可称为电容电流 i_c。

$$i = i_c + i_f \tag{7-1}$$

式中，i_c 在稳态中为 0，在暂态中则不断变化，i_c 满足式（7-2）。

$$i_c = \frac{dq}{dt} = \frac{d\left[C_d(E_z - E) \right]}{dt} + (E_z - E)\frac{d(C_d)}{dt} \tag{7-2}$$

式中，C_d 为双电层电容；E 为电极电势；E_z 为零电荷电势。式中右边的第一项为电极电势改变引起的双电层放电电流，第二项为双电层电容改变时引起

的双电层充电电流。当电极表面发生吸脱附时，双电层电容 C_d 将发生剧烈的变化，由第二项引起的充电电流可以达到很大的数值，常常形成吸（脱）附电流峰。因此，利用非法拉第电流可以研究电极表面活性物质的吸脱附行为，还可以测定电极的双电层电容和真实表面积。当电极表面几乎不发生吸脱附，式（7-2）右边的第二项近似为 0，则可通过线性电位扫描测定非法拉第电流的响应来测定电极的双电层电容，计算电极的活性面积。当电极过程达到稳态时，电化学参量均不再变化，两项均为 0。电极过程不一定总是要达到稳态，当进行恒电流阶跃或恒电势阶跃极化时会达到稳态。如果进行线性电势扫描或电化学阻抗谱实验时，控制电势不断变化，这时电极就不会达到稳态。

（2）暂态下反应电极附近粒子浓度是空间与时间的函数

在非稳态扩散过程中，任意一点的浓度随时间而变化。其反应物浓度函数 $C_O(x,t)$ 与产物浓度函数 $C_R(x,t)$ 均符合菲克第二定律。

$$\frac{\partial C(x,t)}{\partial t} = D\frac{\partial^2 C(x,t)}{\partial x^2} \tag{7-3}$$

若对菲克第二定律求解，还需要以下初始和边界条件：

1）初始条件：开始前，溶液高纯且均匀，$C_O(x,0) = C_O^B, C_R(x,0) = 0$。

2）边界条件一：实验过程中，电极表面离子呈半无限性扩散条件；$C_O(\infty,t) = C_O^B, C_R(\infty,t) = C_R^B$。

3）边界条件二：施加电流后，电极表面的极化条件，i 在 $t>0$ 时保持不变，即

$$\left[\frac{\partial C_O(x,t)}{\partial x}\right]\Big|_{x=0} = \frac{i}{nFD_O} \tag{7-4}$$

由此对菲克第二定律进行求解可得

$$C_O(0,t) = C_O^B - \frac{2i}{nF}\sqrt{\frac{t}{\pi D_O}} \tag{7-5}$$

由此可知，随着时间的进行，反应物浓度不断减小直至为 0，电极电势会表现出一个突跃。当电极表面反应物浓度降为 0 时，有 Sand 方程。

$$t = \frac{n^2 F^2 \pi D_O (C_O^B)^2}{4i^2} \equiv \tau \tag{7-6}$$

式中，i 为恒定电流，单位为 A；n 为在电极表面发生反应电子数；F 为法拉

第常数（96485C/mol）；D_0 为扩散系数，单位为 m^2/s；C_O^B 为反应物扩散浓度，单位为 mol/m^3；τ 为过渡时间，单位为 s，也是开始恒电流极化到电势发生突跃所经历的时间。

根据 Sand 方程可知，对于各常数均已知的反应体系，τ 与 i^2 成反比。例如，已知 n 与 C_O^B，即可根据已知实验参数求出反应物的扩散系数 D_0；且 $\tau i^2 / C_O^B$ 为一常数，仅取决于扩散系数 D_0。通过实验测得过渡时间 τ 即可得出扩散系数 D_0。τ 是非常有用直观的参数，容易根据电势突跃来获得，值得注意的是，当所测电化学体系中含有电化学活性杂质或非电化学活性的吸附杂质时，都会影响 τ 的测试准度。若所测电化学体系中含有电化学活性杂质时，则会增加电极反应时间使 τ 的测试值偏大；非电化学活性的吸附杂质会减小电极上的反应表面积，使 τ 的测试值偏小。为此，在测量 τ 时，要求溶液的纯度要高。

平面电极一维扩散控制下反应物浓度分布随恒电流极化时间的变化如图 7-6 所示。

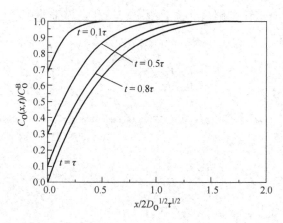

图 7-6　平面电极一维扩散控制下反应物浓度分布随恒电流极化时间的变化

在整个极化过程中，同一时刻，粒子浓度随离开电极表面的距离而变化，在离开电极表面同一距离处，浓度又随时间的变化而变化；随时间的推移，扩散层的厚度越来越大，扩散层向溶液内部发展，当到达对流区时，建立起稳态扩散，扩散层厚度达到最大，扩散层内离子浓度不再随时间而变化。可见，暂态扩散过程比稳态扩散过程多了时间这个影响因素。因此，可以通过控制极化时间来控制浓差极化。通过缩短极化时间，减小或消除浓差极化，突出电化学极化。所以，在暂态下，电极附近液层中的反应离子浓度、扩散层厚度及浓度梯度等均随时间变化，反应粒子浓度不仅是空间位置的函数，而且是时间的函数。

7.1.2 恒电流间歇滴定技术

恒电流间歇滴定技术（Galvanostatic Intermittent Titration Technique，GITT）最早由德国科学家 W. Weppner 提出，结合了暂态和稳态技术的测试方法，通过分析电势与时间的变化关系而得到反应动力学行为信息。具体来说，GITT 研究的是"物质的扩散过程与电荷转移"的关系。扩散，是物质转移的重要形式。以锂电池为例，锂离子在电极材料中的嵌入脱出过程，就是一种扩散。此时，锂离子的化学扩散系数 D，具有反应速度常数的含义，在一定程度上决定了电池的性能。因此，确定化学扩散系数，对研究材料的电化学性能具有重要意义。图 7-7 所示为单个 GITT 测试曲线。

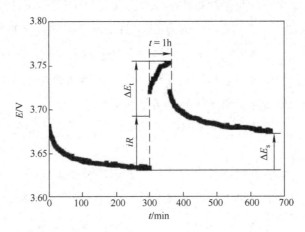

图 7-7　单个 GITT 测试曲线

GITT 测试由多组相同施加电流的"电流阶跃"单元构成，在每个电流阶跃单元内都是"脉冲 + 恒电流 + 弛豫"（见图 7-7）。在充电过程中：

1）首先，通过对电池施加正电流脉冲，由于存在欧姆电阻和电荷转移阻抗，使电池电势快速升高。可参见图 7-3b 中的 AB 段。随后，维持施加电流恒定，电势才开始缓慢变化，因此，充放电过程中的 ΔE_t 不包括 iR 引起的电压变化（R 表示整个体系的电阻）。

2）随后，维持充电电流恒定，使电势缓慢上升。这也是 GITT 中"恒电流"的来源。此时仍处于暂态过程，电势 E 与时间 t 的关系需要使用菲克第二定律进行描述。ΔE_t 代表单个阶跃内电流脉冲减去 iR 降后的总体电势变化，可由实验测出。

3）最后，中断恒电流，电势迅速下降，下降值与 iR 值成正比；接着进入弛豫时间，在弛豫期间，通过离子扩散，电极中的组分趋向于均匀，电势缓慢下降，直到再次恢复稳态。弛豫时间指从开始断电流恢复到平衡状态的时间。ΔE_s 则指相邻两次稳态电压变化，也可由实验测出。

由于 GITT 测试方法假设了离子的扩散行为主要发生在固相材料的表层，为了满足这一假设，在测试时对施加电流的时间 t 和弛豫时间作出如下限定：

1）脉冲电流的施加时间必须比较短，设定在 10min 左右。至少满足 t 远小于 L^2/D，其中 L 为材料的特征长度，D 为离子的扩散系数。

2）弛豫时间必须足够长，使离子充分扩散达到平衡状态，可以以电压基本保持稳定几乎不再变化为判定标准，设定在 40min 左右。

GITT 求解离子扩散系数的理论基础来源于菲克定律。但菲克第一定律只适用于稳态扩散，即各处的扩散组元的浓度只随距离变化，而不随时间变化。在 7.1.1 节中，通过对暂态过程的分析，我们知道各处扩散粒子的浓度随距离和时间的变化而变化，因此还是使用菲克第二定律来描述。

$$\frac{\partial C(xt)}{\partial t} = D\frac{\partial^2 C(x,t)}{\partial x^2} \tag{7-7}$$

结合 7.1.1 节中的初始与边界条件，并忽略离子嵌入活性材料颗粒内部的体积变化，可对菲克第二定律进行求解，得到离子扩散系数 D 的解。

$$D = \frac{4}{\pi}\left(\frac{iV_m}{Z_A FS}\right)^2\left[\frac{\left(\frac{dE}{d\delta}\right)}{\left(\frac{dE}{d\sqrt{t}}\right)}\right]^2 \tag{7-8}$$

式中，i 是电流值，单位为 A，为自行设定的值，需要保证的是，在此电流下脉冲和弛豫电势变化要显著，并且连续的过程具有线性关系 $R^2 > 0.95$；F 是法拉第常数（96485C/mol）；Z_A 是离子的电荷数，锂离子是 1；S 是电极/电解质接触面积，单位为 cm^2；$\frac{dE}{d\delta}$ 是库伦滴定曲线的斜率；$\frac{dE}{d\sqrt{t}}$ 是电势与时间的关系。

为了简化求解，当外加的电流 i 很小，且脉冲施加电流时间很短时，$dE/d\sqrt{t}$ 呈线性关系，式（7-8）可以简化成

$$D = \frac{4}{\pi\tau}\left(\frac{n_m V_m}{S}\right)^2 \left[\frac{\Delta E_s}{\Delta E_t}\right]^2 \qquad (7\text{-}9)$$

式中，τ 是电流脉冲持续时间，单位为 s；n_m 是摩尔数，单位为 mol，即正极材料的质量与相对分子质量的比值；V_m 是电极材料的摩尔体积，单位为 cm³/mol；S 是电极/电解质接触面积，单位为 cm²；ΔE_s 是相邻两次稳态的电压变化；ΔE_t 是单次脉冲电流后的电压变化，不含电压升/降 iR。

因此，通过分析电极电势的变化和弛豫时间的关系，再结合活性材料的理化参数，即可推算离子在内部的扩散系数。

应用举例：

杨夕馨等人基于 GITT 技术得到在不同温度下充放电时的锂离子扩散系数，电流脉冲时间为 10min，静置时间为 40min。得到的 GITT 曲线如图 7-8 所示，则可计算锂离子的扩散系数。图 7-8 中，CCV 代表恒流充放电 10min 后得到的闭路电压；OCV 代表静置 40min 后得到的可近似等于平衡电压的开路电压；极化值代表各电压暂态下 CCV 与 OCV 的差值。

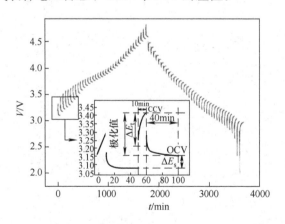

图 7-8 GITT 曲线及极化值示意图

通过测试温度范围内锂离子扩散系数的变化（见图 7-9），由结果可知：5℃下的 D_{Li^+} 在充放电过程中均为最小；随着温度的升高而逐渐增大。此外，还可以发现，在各 OCV 区间内 D_{Li^+} 的变化幅度与充放电过程的关系：充电

（3.0~4.0V）和放电（4.6~4.0V）的初始阶段，锂离子扩散系数降低程度较小；在充电（4.2~4.6V）和放电（3.5~3.0V）后期，锂离子扩散系数大幅降低。

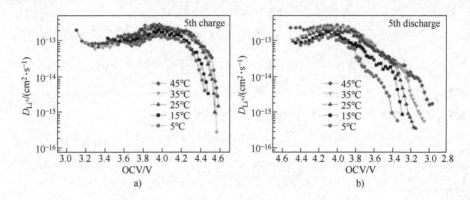

图 7-9　不同温度下的锂离子扩散系数变化曲线

a）充电过程　b）放电过程

Park. J. H 等人采用 GITT 技术，通过实验研究了石墨中锂离子浓度对锂离子扩散系数的影响，图 7-10 为充电条件下具有代表性的 GITT 曲线。

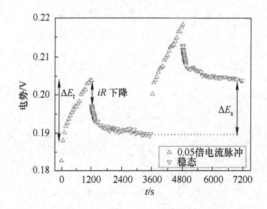

图 7-10　GITT 曲线及极化值示意图

石墨在 0.05C 充放电时的扩散系数（D）与锂离子浓度（$LiC_{6/x}$ 中的 x）的关系如图 7-11 所示。当 $x < 0.16$ 时，扩散系数约为 $10^{-11} cm^2/s$；在 $0.16 \leqslant x \leqslant 0.2$ 范围内，D_{Li^+} 扩大了 10 余倍；在 $0.2 \leqslant x \leqslant 0.25$ 范围内，扩散系数略有下降；当 $0.25 \leqslant x \leqslant 0.5$ 时，扩散系数再次增加；当 $x \geqslant 0.5$ 时，扩散系数几乎保持不变，当 $x = 0.6$ 时，充放电曲线的扩散系数急剧下降。

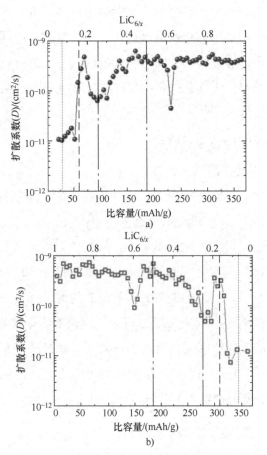

图 7-11 0.05C 条件下的扩散系数（D）与锂离子浓度（$LiC_{6/x}$ 中的 x）的关系

a）充电时 b）放电时

一旦建立了可逆的电化学插/脱插条件，恒电流间歇滴定技术可以作为测定石墨基电极离子扩散系数的有力工具而得到普遍应用。

7.2 电势跃迁测试

暂态是指改变电极过程进行的一些条件使电极过程的稳态被打破，各个子过程或反应步骤的进行速率将会发生改变直至达到新的稳态为止，处于原来的稳态和新的稳态之间的过渡态则被称为暂态，暂态是相对于稳态而言的。

其中，控制电势阶跃暂态测试方法，即电势跃迁测试法，我们通常又称之为恒电势法，是指电极电势按照一定的具有电势突跃的波形规律变化。根据电势变化可分为静电势和动电势，静电势中电势的变化可以是逐点的，也可以是阶梯的，但都是达到稳定后再进入下一个电势；而动电势中电势的变化是连续的，以恒定速度扫描。同时测量电流随时间的变化，或者测量电量随时间的变化，进而分析电极过程的机理、计算电极的有关参数或电极等效电路中各元件的数值。

7.2.1 电势跃迁暂态过程及特点

1. 电极界面电势差的变化过程

当电极上施加一个电势突跃信号 η（η 为负值）进行阴极极化的时候，虽然对电极体系加上了一个电势差，但是电极溶液界面上的电势差 $\eta_界$ 并不能立即发生突然跃迁。其中主要原因在于：

1）存在溶液欧姆电阻，当电势突变的瞬间，首先响应的是溶液欧姆压降 η_R，但是电极溶液界面上的电势差是来不及变化的，存在一定时间差。瞬间电流将会达到 $-\eta/R$，接着双电层开始充电，电极溶液界面上的电势差的绝对值逐渐增大，溶液欧姆压降的绝对值逐渐减小，在这段时间内，电极溶液界面上的电势差为体系总的超电势同溶液欧姆压降之差，并且逐渐逼近所控制的总的超电势。各部分超电势的变化趋势如图 7-12 所示。

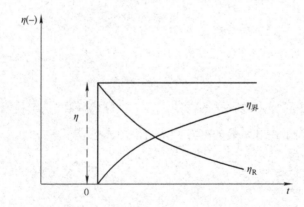

图 7-12 控制电势阶跃极化时电极体系各部分超电势的变化趋势（$\eta = \eta_界 + \eta_R$）

2）恒电势仪的输出能力有限。如果电极溶液界面上的电势差可以在瞬间突然跃迁到预定值，即 $-\dfrac{\mathrm{d}E}{\mathrm{d}t} \to \infty$，而 $i_c = -C_d \dfrac{\mathrm{d}E}{\mathrm{d}t}$，那么必然有 $i_c \to \infty$，由于恒电势仪的输出电流是一个有限值，不可能提供一个无穷大的双电层充电电流。所以改变电极溶液界面上的电势差所需要的双电层充电过程，需要一定的时间，在一瞬间是不可能完成这个过程的。因此，从极化开始到溶液界面上的电势达到稳定状态时，必须经过一定时间过渡。

2. 电流的变化过程

在电势突跃的瞬间，发生突变的不是界面电势差，而是研究电极与参比电极之间的溶液欧姆压降，瞬间电流达到 $-\eta/R$。接着，双电层被此电流充电而发生电势变化，界面超电势开始建立，其绝对值不断增大，因为控制的总电势 η 是不变的，所以随着 $-\eta_界$ 的增大，$-\eta_R$ 不断减小，各部分超电势、电流之间的关系见图 7-13。

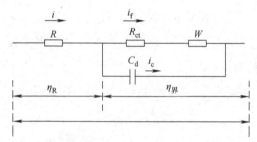

图 7-13　电极体系各部分超电势、电流之间的关系

通过电极的总电流 i 随着 $-\eta_R$ 的减小而不断减小。因为 $-\eta_界$ 不断增大，电化学反应的电流 i_f 就不断增大。而总电流 i 是不断减小的，由 $i = i_c + i_f$ 可知，双电层充电电流 i_c 必然是不断减小的。电极界面上逐渐建立的超电势 $\eta_界$（包括电化学极化超电势），随时间的延长还可能逐步建立起浓差极化超电势。当电极过程达到稳态时，双电层充电过程结束，$i_c = 0$，$i = i_f$。在此过程中，总的电流通常是不断减小的，如图 7-14 所示。

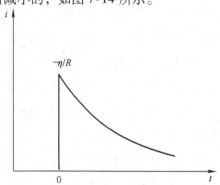

图 7-14　控制电势阶跃极化时电极体系的响应电流曲线

7.2.2 恒电势间歇滴定技术

恒电势间歇滴定技术（Potentiostatic Intermittent Titration Technique，PITT）就是在接近平衡态的条件下，给体系施加脉冲电势，然后测定其电流变化的技术。整个过程是，"改变电势→保持恒定→测量电流变化"。这种技术在化学分析中具有广泛的应用，尤其是在环境监测、食品安全、药物分析、锂离子电池等分析领域。

1. 简介

恒电势间歇滴定技术的原理是基于电化学反应的特性。在电极表面施加恒定电势时（见图7-15），电极表面的化学反应发生变化，这种变化会导致电极电流的变化，测量电极电流的变化，通过 PITT 可以确定分析物的浓度。在恒电势间歇滴定技术中，试剂是间歇性滴加的，这样可以避免试剂过量，从而提高分析的准确性。

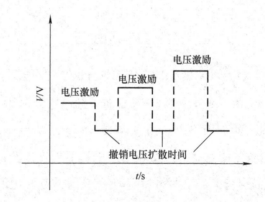

图 7-15　电势跃迁示意图

2. 恒电势间歇滴定技术在锂电池中的应用

（1）锂离子扩散系数 D_{Li} 的测定

锂在固相中的扩散过程（嵌入/脱嵌、合金化/去合金化）是很复杂的，既有离子晶体中"换位机制"的扩散，也有浓度梯度影响的扩散，还包括化学势影响的扩散。锂离子扩散系数 D_{Li} 一般可用锂的化学扩散系数来表示。测量锂离子化学扩散系数的意义在于：

1）锂的嵌入/脱嵌反应，其固相扩散过程是一个缓慢过程，往往成为控制步骤。

2）扩散速度往往决定了反应速度。扩散系数越大，电极的大电流放电能力越好，材料的功率密度越高，高倍率性能越好。

3）扩散系数的测量是研究电极动力学性能的重要手段。其中，恒电势间歇滴定技术是测量锂离子扩散系数 D_{Li} 常用的方法。

（2）原理

PITT 是基于一维有限扩散模型演变而来的，通过扩散过程进行一定假设，对菲克第二定律的偏微分方程进行求解并经过数学变换得到锂离子的扩散系数的计算公式。其优势是，如果电极材料的电势被控制在单相的稳定范围内，可以避免很多（如，新相）的成核反应。该公式是基于以活性材料颗粒作为大小均匀的球形颗粒的处理方法。由菲克第二定律在平面电极的一维有限扩散模型来看，公式如下：

$$\frac{\partial C_{Li^+}}{\partial t} = D_{Li^+} \frac{\partial^2 C_{Li^+}}{\partial x^2} \tag{7-10}$$

式中，x 是从 Li^+ 从电解质/电极材料界面扩散进入电极的距离；C_{Li^+} 为锂离子扩散至 x 处的浓度；t 为扩散时间；D_{Li^+} 为锂离子扩散系数。

根据相关文献可解上述方程，得

$$C_{Li^+}(x,t) = C_s - (C_s - C_0) \frac{4}{\pi} \sum_0^\infty \left\{ \frac{1}{2n+1} \times \right.$$
$$\left. \sin\left[\frac{(2n+1)\pi x}{2L} \right] \exp\left[-\frac{(2n+1)^2 \pi^2 D_{Li^+} t}{4L^2} \right] \right\} \tag{7-11}$$

式中，L 为电极上活性物质厚度；C_0 为电极活性物质上锂离子的初始浓度；C_s 为锂离子在电极表面的浓度。

而 Li^+ 在电解质/氧化物电极的界面的浓度梯度所决定的电流为

$$I(t) = -ZFD_{Li^+} \left(\frac{\partial C}{\partial x} \right)_{x=0} \tag{7-12}$$

综合式（7-11）和式（7-12），有

$$I(t) = \frac{2ZFS(C_s - C_0)D_{Li^+}}{L} \sum_{n=0}^\infty \exp\left[-\frac{(2n+1)^2 \pi^2 D_{Li^+} t}{4L^2} \right] \tag{7-13}$$

式中，Z 为活性物质得失电子数；F 为法拉第常数；S 为工作电极活性物质与电解质接触的电化学活性表面积；$C_s - C_0$ 为阶跃下产生的 Li^+ 浓度变化。

由于在较长一段时间下有 $\dfrac{D_{\mathrm{Li^+}}t}{4L^2} > 0.1$，进行合理近似，取式（7-13）求和中的首项得

$$I(t) = I_0 \exp\left[-\frac{\pi^2 D_{\mathrm{Li^+}}t}{4L^2}\right] \tag{7-14}$$

其中，

$$I_0 = \frac{2ZFS(C_s - C_0)D_{\mathrm{Li^+}}}{L} \tag{7-15}$$

式（7-14）两边取对数，得

$$\ln I(t) = \ln I_0 - \frac{\pi^2 D_{\mathrm{Li^+}}t}{4L^2} \tag{7-16}$$

整理得

$$D_{\mathrm{Li^+}} = -\frac{\mathrm{d}\ln I}{\mathrm{d}t}\frac{4L^2}{\pi^2} \tag{7-17}$$

邵素霞等人基于 PITT 技术测定电极材料扩散系数，具体的实验流程如图 7-16 所示，首先将正极和负极组装成叠片全电池；接着对叠片电池进行化成和分容测试；分容测试后，电池在空电态下恒压充电，在指定电压范围内，以 20mV 阶跃电压、恒压 15min，搁置 15min，连续测试；最后绘制 $\ln I - t$ 图，如图 7-17 所示，从线性部分的斜率通过公式计算锂离子扩散系数。测试过程中的电压/电流 – 时间图如图 7-18 所示。其中，不同电势下锂离子扩散系数如图 7-19 所示。

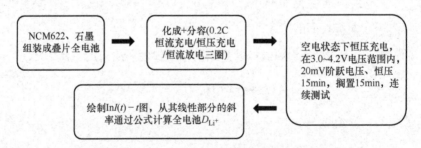

图 7-16　锂离子电池采用 PITT 测量扩散系数实验流程图

使用 PITT 计算锂离子扩散系数 $D_{\mathrm{Li^+}}$ 的优点在于，只需测量电极的厚度，避开了电极的真实面积的大小和摩尔体积的变化。

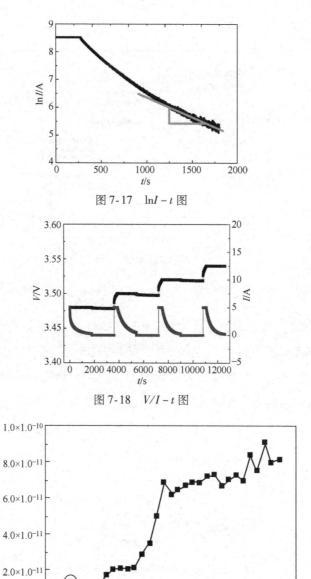

图 7-17　$\ln I - t$ 图

图 7-18　$V/I - t$ 图

图 7-19　不同电势下锂离子扩散系数图

（3）锂离子电池正极材料 $LiMn_2O_4$ 倍率性能研究

郭等人报道了一系列不同结构的 $LiMn_2O_4$ 正极材料中，MS 型 $LiMn_2O_4$ 具有最优异的倍率性能（见图 7-20）。

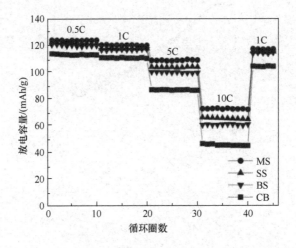

图 7-20　$LiMn_2O_4$（MS、SS、BS 和 CB 型）样品在 3.5~4.3V 的倍率性能

通过 PITT 分析，研究人员发现，MS 型 $LiMn_2O_4$ 在不同脱嵌锂状态下都具有最高的锂离子扩散系数。结合形貌、结构分析，这可能是该形态材料由大量一次颗粒组成的多孔微球，分布均匀的一次纳米活性颗粒缩短了锂离子在材料内部的扩散路径，而多孔的结构保证了活性颗粒与电解液之间的良好浸润，因而表现出较快的离子扩散，从而揭示了倍率性能优异的原因（见图 7-21）。

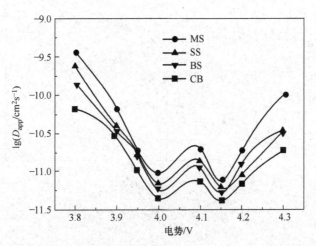

图 7-21　用 PITT 计算的 $LiMn_2O_4$（MS、SS、BS 和 CB 型）

样品在不同电势下的扩散系数

7.3　电势弛豫技术

7.3.1　原理

电势弛豫技术（Potential Relax Technique，PRT）是指在电池与外界无物质和能量交换的条件下，研究电极电势随时间的变化关系，该方法属于电流阶跃测试方法中的断电流法，与 GITT 实验方法一致，不同的是，该方法分析弛豫过程中的电势变化。

7.3.2　电势弛豫技术在锂电池中的应用

该项测试技术最初是由中国科学院物理研究所王庆等人提出，主要运用于锂离子电池电极材料中的离子扩散动力学研究。该测试公式如下：

$$\ln\left[\exp\left(\frac{\varphi_{\infty}-\varphi}{RT}F\right)-1\right]=-\ln N-\frac{\pi^2}{d^2}D_{Li}t\,(t\geqslant L^2/D) \qquad (7\text{-}18)$$

式中，φ_{∞} 为平衡电极电势；φ 为初始电势，单位为 V；R 为理想气体常数（$8.31\text{J}\cdot\text{mol}^{-1}\cdot\text{K}^{-1}$）；$T$ 为温度，单位为 K；d 为活性物质的厚度，单位为 cm；D_{Li} 为 Li 在电极中的扩散系数，单位为 cm^2/s；t 为电势达到平衡时的时间，单位为 s。

该方法与 PITT 一样，只需测电极活性物质的厚度 d；与 PITT 不同的是，PRT 记录的是电极电势随时间变化的曲线，而 PITT 记录的是电流随时间变化曲线。

参 考 文 献

[1] 于美，刘建华，李松梅，等. 电化学测量技术与方法［M］. 北京：北京航空航天大学出版社，2020.

[2] 李荻，李松梅. 电化学原理［M］. 4版. 北京：北京航空航天大学出版社，2021.

[3] 魏泽英，姚惠琴. 物理化学［M］. 武汉：华中科技大学出版社，2021.

[4] 李思殿. 化学原理基础［M］. 太原：山西科学技术出版社，2000.

[5] 张家芸. 冶金物理化学［M］. 北京：冶金工业出版社，2004.

[6] 邓远富，曾振欧. 现代电化学［M］. 广州：华南理工大学出版社，2014.

[7] 安燕. 物理化学［M］. 贵阳：贵州大学出版社，2011.

[8] 郭国才. 电镀电化学基础［M］. 上海：华东理工大学出版社，2016.

[9] 王春雨，钟博，刘冬冬，等. 海水腐蚀的电化学原理及新型石墨烯富锌涂层［M］. 哈尔滨：哈尔滨工业大学出版社，2022.

[10] 丁丕洽. 化工腐蚀与防护［M］. 2版. 北京：化学工业出版社，1998.

[11] 范瑞清，杨玉林，刘志彬. 材料测试技术与分析方法［M］. 哈尔滨：哈尔滨工业大学出版社，2021.

[12] 沈致隆，孙宇梅，吴爱萍，等. VO – TPP，VO – TCIPP 和 VO – TpyPP 氧化还原特性的循环伏安法研究［J］. 北京工商大学学报（自然科学版），2003，21（3）：1 – 3.

[13] 郭鹤桐，姚素薇. 基础电化学及其测量［M］. 北京：化学工业出版社，2009.

[14] 朱一明，董亚娜，张军，等. 电化学法定性与定量分析水溶液中的微量硼氢根［J］. 河南科技大学学报（自然科学版），2018，3：94 – 98.

[15] 吴维明，邵延海，陈桃，等. 循环伏安法定性分析矿物中某元素硫氧化物占比［J］. 分析科学学报，2023，39：248 – 250.

[16] CHENG W Z，YUAN P F，LV Z R，et al. Boosting defective carbon by anchoring well – defined atomically dispersed metal – N_4 sites for ORR，OER and Zn – air batteries［J］. Applied Catalysis B：Environmental，2020，260：118198.

[17] HAN J X，MENG X Y，LU L，et al. Single – Atom Fe – N – x – C as an Effcient Electrocatalyst for Zinc – Air Batteries［J］. Adv. Funct. Mater，2019，29（41）：1808872.

[18] GONG H，WANG T，GUO H，et al. Fabrication of perovskite – based porous nanotubes as efficient bifunctional catalyst and application in hybrid lithium – oxygen batteries［J］. J.

Mater. Chem. A, 2018, 6 (35): 16943 – 16949.

[19] SHEN R G, CHEN W X, PENG Q, et al. High – Concentration Single Atomic Pt Sites on Hollow CuS$_x$ for Selective O$_2$ Reduction to H$_2$O$_2$ in Acid Solution [J]. Chem, 2019, 5 (8): 2099 – 2110.

[20] 冀林仙, 聂合贤, 苏世栋, 等. 基于多场耦合的旋转圆盘电极法研究酸性镀铜 [J]. 电镀与涂饰, 2017, 36 (9): 437.

[21] 曹楚南, 张鉴清. 电化学阻抗谱导论 [M]. 北京: 科学出版社, 2002.

[22] 张鉴清, 电化学测试技术 [M]. 北京: 化学工业出版社, 2010.

[23] A. J. BARD, L. R. FAULKNER. 电化学方法原理和应用 [M]. 2 版. 邵元华, 朱果逸, 董献堆, 等译. 北京: 化学工业出版社, 2005.

[24] 庄全超, 徐守冬, 邱祥云, 等. 锂离子电池的电化学阻抗谱分析 [J]. 化学进展, 2010, 6: 26 – 39.

[25] 钱建刚, 李荻, 王纯, 等. 镁合金阳极氧化膜腐蚀过程的电化学阻抗谱研究 [J]. 稀有金属材料与工程, 2006, 35 (8): 1280 – 1284.

[26] UMEDA M, DOKKO K, FUJITA Y, et al. Electrochemical impedance study of Li – ion insertion into mesocarbon microbead single particle electrode: Part I. Graphitized carbon [J]. Electrochimica Acta, 2001, 47: 885 – 890.

[27] 贾铮, 戴长松, 陈玲. 电化学测量方法 [M]. 北京: 化学工业出版社, 2006.

[28] WESTERHOFF U, KURBACH K, LIENESCH F, et al. Analysis of lithium – ion battery models based on electrochemical impedance spectroscopy [J]. Energy Technol, 2016, 4 (12): 1620 – 1630.

[29] LI M, LU J, CHEN Z, et al. 30 Years of lithium – ion batteries [J]. Adv. Mater, 2018, 30: 1800561 – 1800585.

[30] YU X, MANTHIRAM A. Electrode – electrolyte interfaces in lithium – based batteries [J]. Energy Environ. Sci, 2018, 11 (3): 527 – 543.

[31] HAUCH A, GEORG A. Diffusion in the electrolyte and charge – transfer reaction at the platinum electrode in dye – sensitized solar cells [J]. Electrochim Acta, 2001, 46: 3457 – 3466.

[32] RANQUE P, GONZALO E, ARMAND M, et al. Performance – based materials evaluation for Li batteries through impedance spectroscopy: a critical review [J]. Materials Today Energy, 2023, 34: 2468 – 6069.

[33] 常晓元. 载波钝化对不锈钢耐蚀性能的影响 [J]. 腐蚀科学与防护技术, 1990, 2: 22 – 23.

[34] SUBARNA R, HYUN WOO S, SUBRATA S, et al. Simulation and electrochemical impedance spectroscopy of dye-sensitized solar cells [J]. Journal of industrial and engineering chemistry, 2021, 97: 574-583.

[35] 邱萍, 董玉华, 张瑛. 材料电化学基础 [M]. 北京: 化学工业出版社, 2021.

[36] 薛娟琴, 唐长斌. 电化学基础与测试技术 [M]. 西安: 陕西科学技术出版社, 2007.

[37] XIAO L, GUO Y, QU D, et al. Influence of particle sizes and morphologies on the electrochemical performances of spinel $LiMn_2O_4$ cathode materials [J]. Journal of Power Sources, 2013, 225: 286-292.

[38] RHO Y H, KANAMURA K., Li^+ ion diffusion in $Li_4Ti_5O_{12}$ thin film electrode prepared by PVP sol-gel method [J]. Journal of Solid State Chemistry, 2004, 177: 2094-2100.

[39] XIA Y, SAKAI T, FUJIEDA T. Correlating Capacity Fading and Structural Changes in $Li_{-(1+y)}Mn_{-(2-y)}O_{-(4-\#delta\#)}$ Spinel Cathode Materials [J]. Journal of the Electrochemical Society, 2001, 148: A723-729.

[40] 工藤彻一, 笛木和雄. 固体离子学 [M]. 董治长, 译. 北京: 北京工业大学出版社, 1992.

[41] 胡会利, 李宁. 电化学测量 [M]. 北京: 国防工业出版社, 2007.

[42] 杨夕馨, 常增茂, 邵泽超, 等. 富锂锰基正极材料在不同温度下的极化行为 [J]. 材料工程, 2021, 49 (9): 69-78.

[43] PARK J H, YOON H, CHO Y, et al. Investigation of Lithium Ion Diffusion of Graphite Anode by the Galvanostatic Intermittent Titration Technique [J]. Materials (Basel), 2021 Aug 19; 14 (16): 4683.

[44] 邵素霞, 朱振东, 王蓉蓉, 等. 三种方法测定电极材料的扩散系数 [J]. 电池, 2021, 51 (6): 577-581.

[45] 王庆, 李泓, 陈立泉, 等. 电位弛豫技术测量离子在球形混合导体中的化学扩散系数 [C]. 中国化学会, 2001.